麦克手绘

MIKE
SKETCH
CLUB

空间设计快速表现研究(第2版)

陈骥乐 贾雨佳 郭贝贝 / 著

人民邮电出版社
北京

图书在版编目（CIP）数据

麦克手绘 : 空间设计快速表现研究 / 陈骥乐，贾雨佳，郭贝贝著. -- 2版. -- 北京 : 人民邮电出版社，2016.4
ISBN 978-7-115-41789-3

Ⅰ. ①麦… Ⅱ. ①陈… ②贾… ③郭… Ⅲ. ①建筑设计—绘画技法 Ⅳ. ①TU204

中国版本图书馆CIP数据核字(2016)第032290号

内 容 提 要

这是一本集大量精美手绘作品与详细步骤讲解于一身的、易于掌握和理解的手绘参考书。本书以“如何掌握设计思维快速表达方法”为重点，结合多年的教学及实践经验，系统化地整理、归纳出一套易于掌握且实用性强的学习方法。无论你是想要系统地掌握设计思维表达技法的设计相关专业的师生或设计师，还是仅仅对手绘表达感兴趣的爱好者，本书都可以帮助你轻松掌握快速表达的方法。

◆ 著　　陈骥乐　贾雨佳　郭贝贝
责任编辑　张丹阳
责任印制　陈　犇

◆ 人民邮电出版社出版发行　北京市丰台区成寿寺路 11 号
邮编　100164　电子邮件　315@ptpress.com.cn
网址　http://www.ptpress.com.cn
北京市雅迪彩色印刷有限公司印刷

◆ 开本：787×1092　1/12
印张：14
字数：303 千字　2016 年 4 月第 2 版
印数：4 201 – 7 200 册　2016 年 4 月北京第 1 次印刷

定价：59.00 元

读者服务热线：(010)81055410　印装质量热线：(010)81055316
反盗版热线：(010)81055315

前言

如今，随着建筑行业的发展和科技的进步，“设计”正扮演着前所未有的重要角色，很多以往我们仅能够想象或未能想象的作品正出现在生活之中。“设计过程”所包含的内容及环节也越发多元及复杂，然而这些层出不穷、种类丰富的设计作品的背后，往往开始于设计师头脑中灵光一闪的想法。如何能够将脑中一闪而过的点子以可视化的方式表达出来？这就需要具有设计思维表达的能力。无论科技如何进步，行业如何发展，人与生俱来的四肢都是最得心应手的“设备”。手绘仍旧是最为快捷、有效的设计表达方式，它可以是设计师绘制于草稿纸上的最初概念，也可以是团队内部交流讨论的依据，还可以是与客户交流时对于设计最终成果的预先呈现。可以说，优秀的手绘表达能力就如同机器运转所需的润滑油，在它的作用下，设计的各个部分、各个环节、各个阶段都能够有效地衔接在一起，并能够高效地发挥作用。手绘表达于我而言，考学时仰仗它脱颖而出，求学时依靠它来思考求索，就业时凭借它受到垂青，执业时它更是必不可少的有力工具，所以我们想把手绘表达这一富含艺术感染力而又行之有效的设计方法更好地传播开来。在“麦克设计 & 手绘”成立的 5 年多时间里，我们已经帮助上千位学员们掌握了这项技能，现在我们把这一“好朋友”介绍给渴望通过努力从而改变现状的你。由于书中的内容多依据个人经验摸索总结，加之编著时间紧迫，难免有所局限，权当抛砖引玉，以供交流分享。

作者简历

陈骥乐

湖南常德人

2006 年 西安美术学院环境艺术系
设计艺术学学士

2009 年 广州美术学院建筑环艺系
设计艺术学硕士

曾任职于 GLC 美国杰奥斯商业设计公司

长沙麦克设计 & 手绘培训机构创立人

现任教于

湖南师范大学美术学院建筑环境艺术设计系

贾雨佳

湖南长沙人

2006 年 西安美术学院环境艺术系
设计艺术学学士

2009 年 广州美术学院建筑环艺系
设计艺术学硕士

现任教于

长沙理工大学设计艺术学院环境艺术设计系

郭贝贝

河南焦作人

2006 年 西安美术学院环境艺术系
设计艺术学学士

2014 年 西安美术学院建筑环艺系
设计艺术学硕士

现任教于

西安美术学院建筑环境艺术系

目录

第 4 章

各类单体元素的画法

第 5 章

效果图整体绘制方法

第 6 章

效果图的表现步骤与讲解

第 1 章

概论

1.1 各种形式手绘用途讲解

1. 草图式风格

草图几乎是所有设计师都不能脱离的有力工具，通过草图我们可以了解绘图者脑中的想法和概念，设计师用它来推敲方案和进行交流。草图是设计想法视觉化的最初呈现，所以一般而言都简洁明快，透视效果可信，着力于用最快捷的方式表现想法而不是表现设计细节。

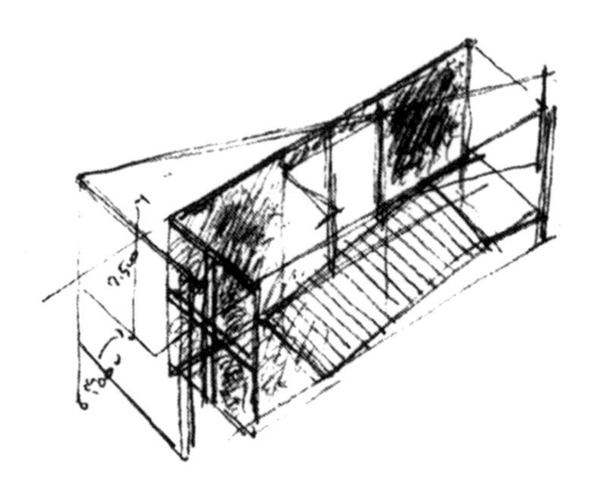

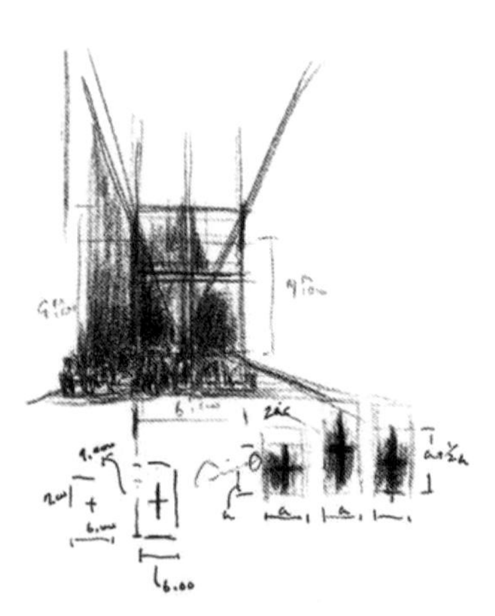

作者 / 安藤忠雄
作品 / 水之教堂

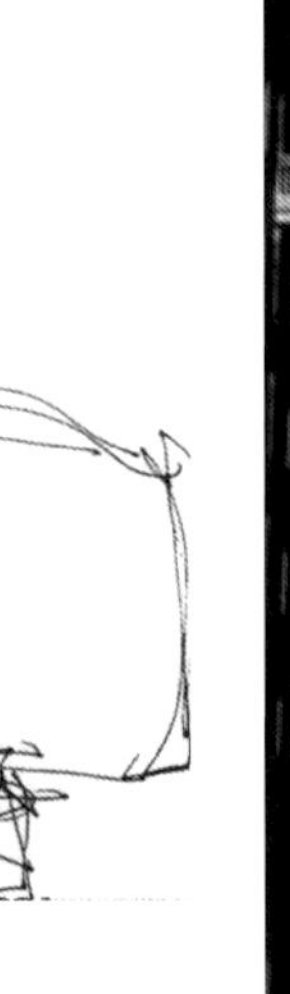

作者 / 弗兰克 · 盖里
作品 / 荷兰国际办公大楼

2. 写意风格

写意风格是效果图表现风格中非常具有魅力的一种，一般到此阶段设计方案已基本确定，大多是作交流展示的用途，所以不会像画草图那样即兴发挥，而是着力于氛围的营造，往往风格特异，常常根据设计的需要采用生动的构图或者大胆的色彩来诠释，凸显设计的重点。

3. 写实风格

在电脑制图尚未像今天这样普及之前，绝大部分的效果图都需要设计师或绘图员一笔一画来绘制，在相当长的时间里都是采用写实风格，主要的绘画形式是水彩、水粉以及喷绘等。这一类的表现图往往画面完整、刻画细致，具有独特的艺术魅力，反映了当时绘图者极其扎实的基本功以及对空间整体的掌控能力。此类图往往是在方案及相关细节敲定后绘制的表现图，后来由于工具及技法的使用相对现在的工具及技法较为繁琐，逐渐被以马克笔和彩色铅笔为主的表现技法替代，但近些年坚持这类风格的设计师及机构也大有人在。

设计师 / John Portman 联合设计公司
项目名称 / 上海商城

4. 多媒介手绘

多媒介手绘指的是在效果图表达的发展过程中出现的一些借助新工具的方法，这类方法将传统手绘和电脑制作相互借鉴与融合，在创造全新的视觉体验的同时也大大提高了作图效率。此类方法很好地将传统手绘与现代科技结合在一起，方法与手段多样。下面简单介绍常用的几种。

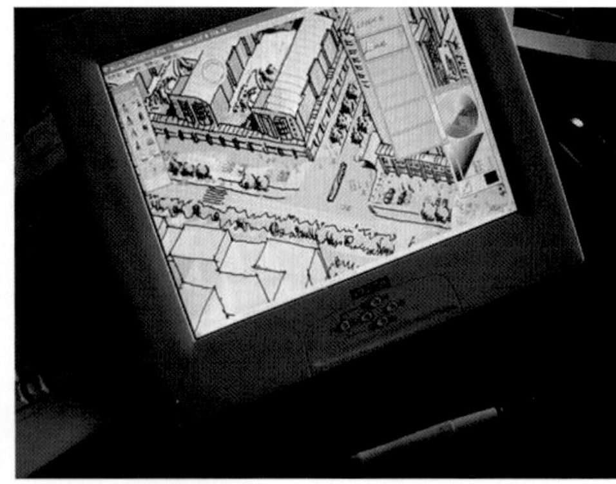

（1）手写板或平板手写电脑效果图

此方法以手写板或平板手写电脑结合绘图软件（如 Photoshop、Sketch Book）完成。由于电脑制图的高效性（可复制、易修改、图层管理方便、关联软件的兼容、便携等），所以能够高效创作出很多意想不到的效果。

借助 WACOM 手写电脑的绘制过程

图为笔者绘制的一处住宅区的规划鸟瞰效果图。想要准确地绘制出鸟瞰效果图是很费时费力的，所以在绘制的过程中首先将原来推敲形体体块用的 SketchUp 电脑模型调整到了合适的角度，然后输出图片，最后将图片导入到 SketchBook 中。在调整透明度新建图层后，以此为底图参照完成，这样的方式提高了作图的效率和准确性。

（2）手绘 Photoshop 拼贴图

使用 3d Max 制作的效果图往往花费的时间较长，且效果常见。有一些新的表达手法，制作简单、形式新颖，这些方法在线稿绘制阶段既可以用笔绘制（见图 1），也可以用借助 SketchUp 建模输出的线稿（见图 2），在材质阶段则主要依靠 Photoshop 进行后期的贴图制作与调整。这样的表现图发挥了不同软件各自的优势，作图的效率大幅提升，而且画面效果有别于传统的手绘和电脑效果图，使观者眼前一亮。

线稿阶段并不需要描绘得多么具体，只要勾画大概的透视及空间效果，为后期制作提供框架基础即可。

图 1

借助手绘线稿后期加工完成的表现图

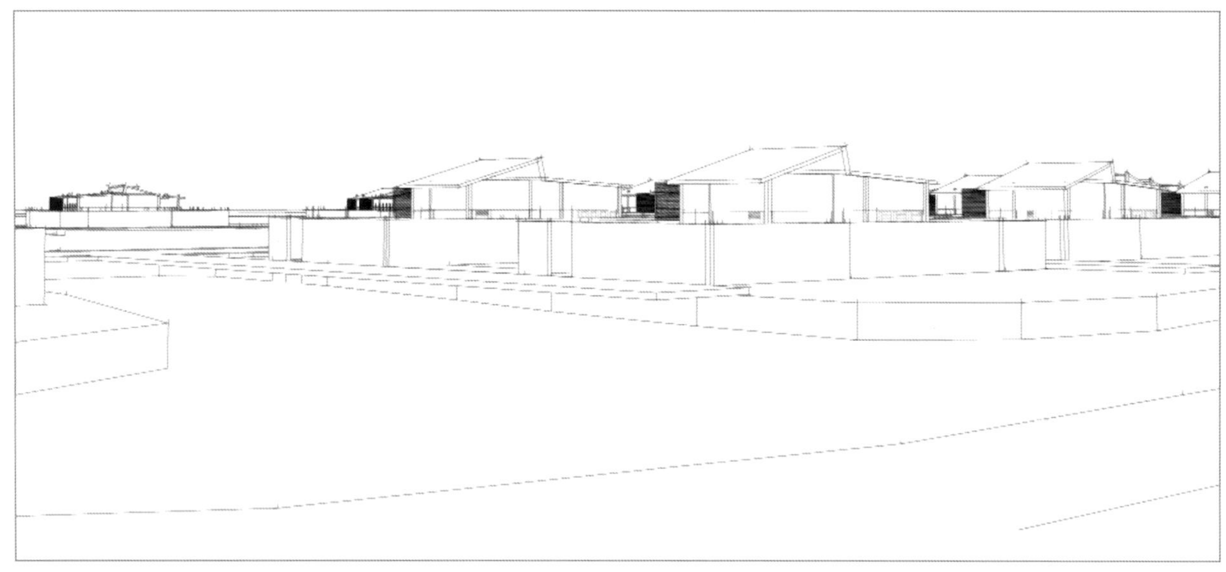

图 2

SketchUp 输出的线稿透视准确、造型严谨，在制作造型复杂、透视难以把握的表现图时此种方式尤其有效。

借助 SketchUp 输出线稿后期加工完成的表现图

1.2 提高手绘水平的方法

1. 观察

观察对于初学者而言是首先要做的功课，你对效果图的学习热情很有可能就是被同学某一幅漂亮的手绘作业或是一次设计方案中的精彩效果图所激发的，于是你就可以观察这些令你心动的作品了。通过观察这些画作的过人之处，尝试以作者的角度重新来看待画面。

2. 收集

手绘表达发展到今天，风格流派、方法手段不胜枚举，要想每种都掌握并无必要。我们的建议是建立一个你自己的“手绘资源库”，具体操作方法是购入一个速写本或绘图册，平日将自己感兴趣的手绘作品收集起来。手绘作品不是整张的完成图，而是“不同风格的人的画法”、“不同方式平面植物的画法”，可以拍照或扫描后打印出来，但最好能够照着绘制出来，这样，久而久之你就会拥有一本属于自己的独一无二的手绘素材库了。

3. 模仿

几乎所有新的技艺的掌握都是从模仿开始的，这并不是什么坏事。模仿会帮助你很快地掌握正确的学习方法，少走不必要的弯路，同时也不必担心临摹多了别人的图会不会没有自己的风格。通过临摹，到了一定的阶段自然会越来越看重画面背后的逻辑与原理，而不是初学时满眼的颜色和笔触，渐渐地你会掌握手绘的原理，从而形成自己独特的风格。

4. 实践

空间设计是实践性极强的应用学科，效果图的表现亦然。思考得再多，却始终不拿起画笔，结果注定是竹篮打水一场空。小到线条的练习、笔触的制造，大到空间尺度的把握、色彩光影气氛效果的营造，都是在不断思考与实践的过程中一步一步提升的。

5. 坚持

坚持二字看似简单，但真正能够做到的则少之又少。天生才华横溢、提起画笔灵感就如同泉水从泉眼中喷涌而出的绘图者偶尔也有，然而更多的还是资质平凡，靠手执钢凿孜孜不倦地一次次凿开磐石，最终找到泉水的有心人。

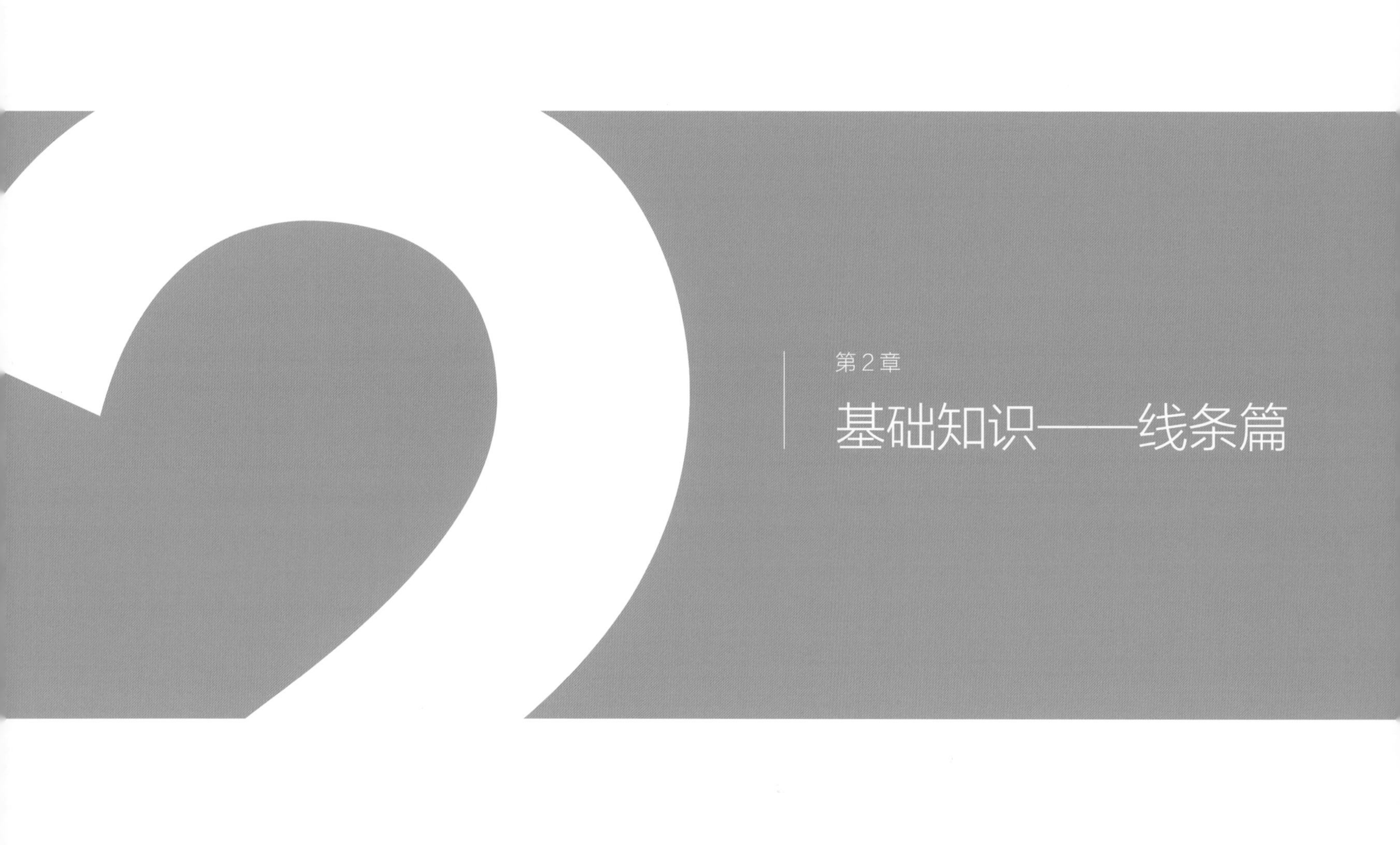

第2章

基础知识——线条篇

线条犹如我们建房时的地基、柱、墙、梁，是一切建造的基础。如果这个基础不牢固，后面的任何修饰都是徒劳。好的线稿在一幅成功的表现图中占据了相当大的比重。接下来我们就学习如何打好这个基础。

对于刚开始接触手绘的初学者而言，由于还不熟练，所以一笔下去没有把握，导致线条呆滞、不流畅、没有生气与活力；另外，对线条轻重的把握也不到位。线条的种类很多，不同的速度、力度、运笔方法以及排列可以形成各种变化丰富的画面效果，但大致可以分为以下几种。

2.1 徒手快直线的画法

1. 快直线画法要诀

快、轻、稳。

2. 快直线的画法

下笔前先打量好线条起止的位置和方向，手腕不能动，整个小臂必须一起动，不然画出的线条是弧线。下笔前可以在纸面上找好要画的距离和位置，来回试探两下，找对感觉再下笔；起笔稍重一些，行笔的过程要肯定，停笔后不要马上收笔，要稍稳一下，然后提笔。

3. 快直线在块面中的排线方式

线条不同的排列方式可以形成不同的肌理和画面效果。通过以下排列方式的练习可以训练我们对线条的控制能力。

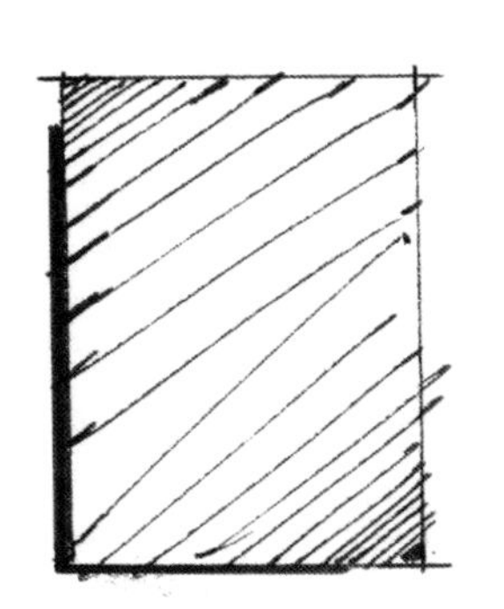
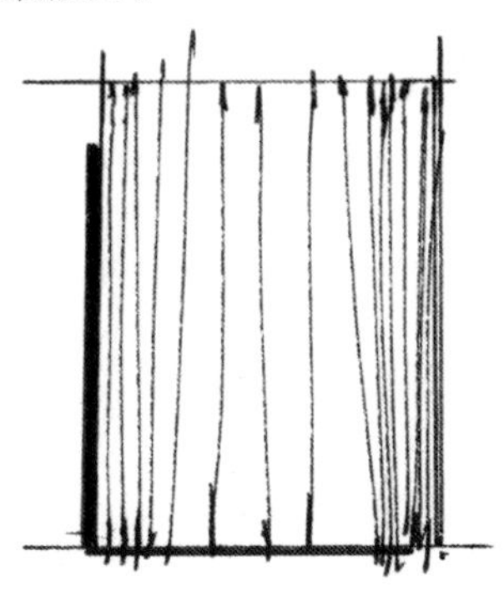
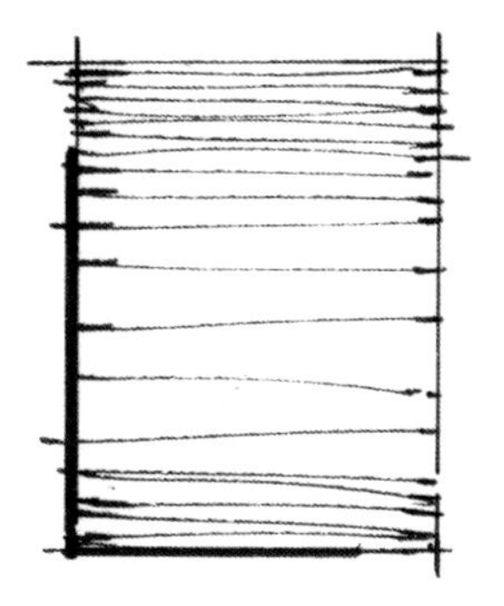
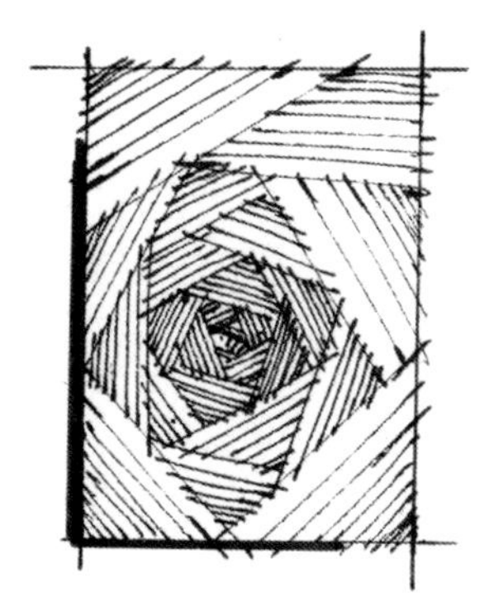

4. 快直线在效果图中的运用

快直线在绘制效果图的过程中使用得较多，由此组成的画面往往具有肯定、明确、一气呵成的效果。此类线条要求的“快与准”对初学者而言一时难以掌握，所以在绘制某些特殊的线条时可以借助尺子，例如，竖线或平行的长线，但这样的线条也要注意“有头有尾”。

2.2 徒手抖动线的画法

使用抖动线的优势在于容易控制好线条的走向和停留的位置。用快直线画长线时，因为速度快，所以不容易把握好走向和长度，导致线歪、出头多等状况。而抖动线则可以一边画一边观察，适时调整，另外在画竖直线时也经常用到这种方法。抖动线形成的画面往往给人轻松自由与生动活泼的感受。

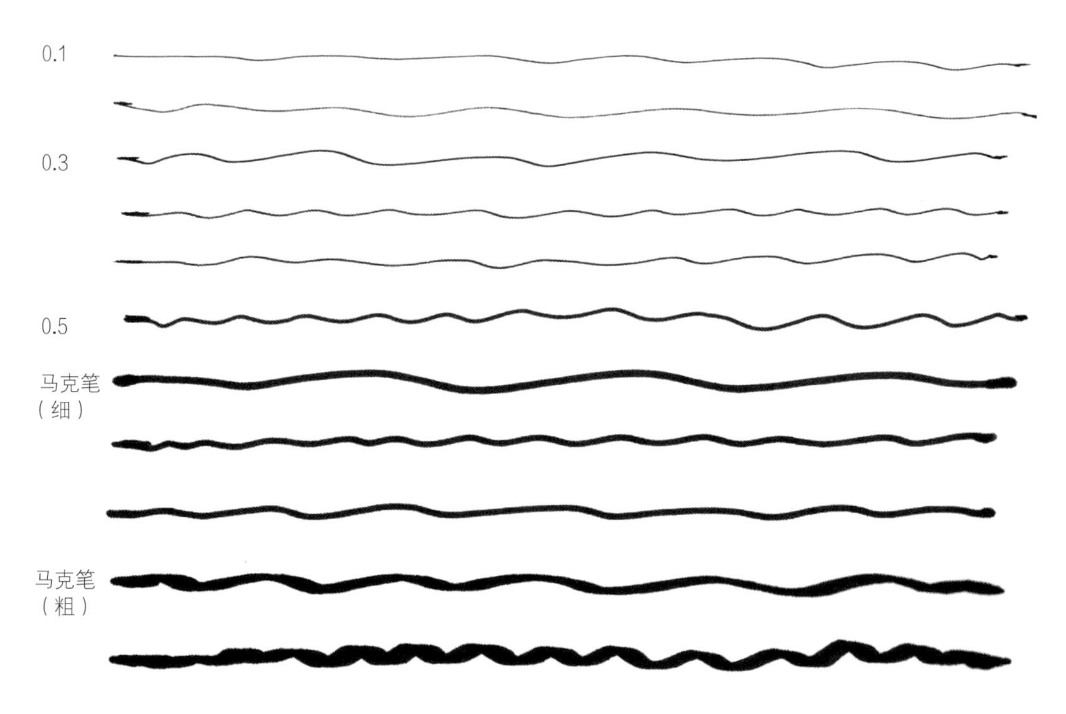

1. 抖动线画法要诀

画抖动线的要诀在于状态的放松加上恰当的手振，在下笔前同样要先打量好线条的起止位置和方向，做到心中有数。下笔后用较慢的速度结合手腕的振动绘制，注意保持用力的稳定以及每个抖动所形成波段的均衡，这样才会得到流畅统一的效果。

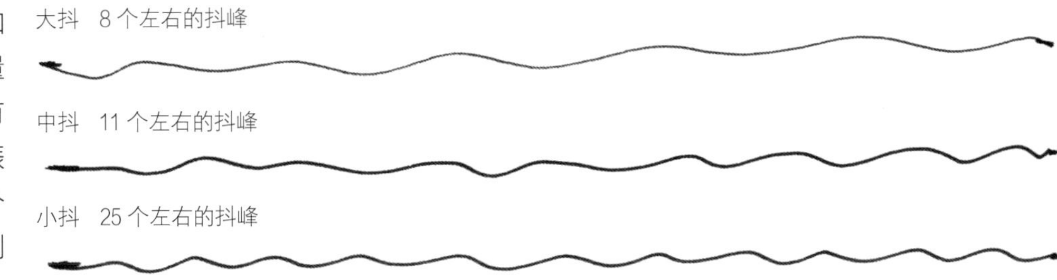

2. 抖动线在几何体中的运用

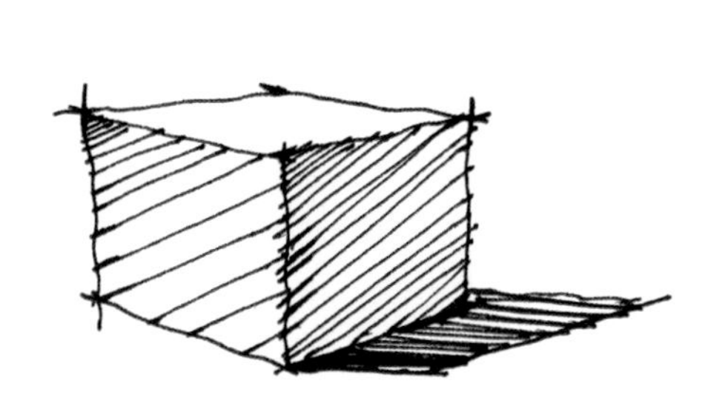

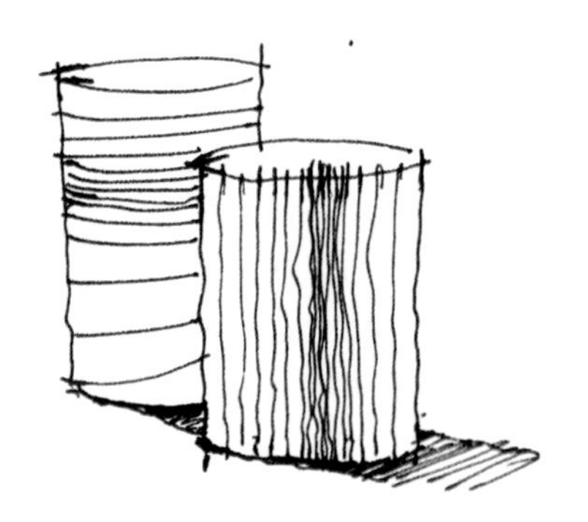

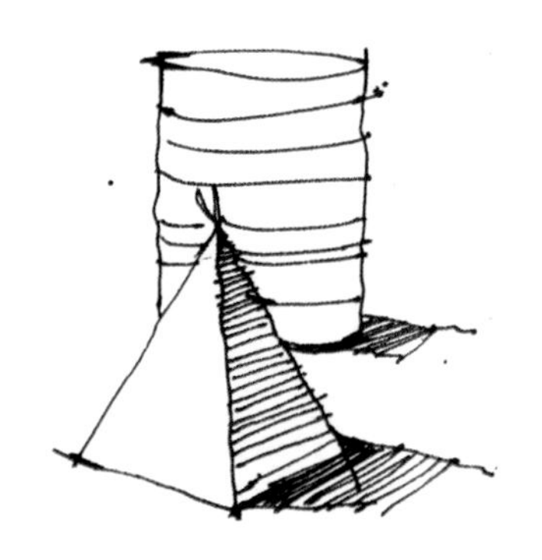

3. 抖动线在效果图中的运用

抖动线经常用来绘制长线条或竖直线条，轻松活泼的运笔状态往往能够感染观者。练习此种线条时，一定不能急于求成，适当的时候可以把以往握笔的位置稍微调高一点；平常多观察、多思考，临摹一些佳作，这样可以让你慢慢掌握这种有趣的线条。

2.3 徒手锯齿线的画法

锯齿线大多用于刻画植物，如草地、灌木丛、乔木等。由于植物的质感偏软而又难以一一描绘，所以一般用锯齿线来概括绘制，形成蓬松自然的画面效果。

绘制时先把将要绘制的图的形状大致勾画出来，然后用锯齿线来描绘。要注意线条的节奏与形状，锯齿线看似无形，实则很有规律，每个“齿形”的大小基本相同，并且“齿形”会围绕着圆心位置变化。行笔时可以将握笔的位置稍微往上移一点，方便绘制出流畅轻松的线条。

描绘草地、灌木等较小体量的植物时，锯齿的体量也会小一些。

描绘乔木等大体量的植物时，锯齿的体量相应变大，形状也可以方一点。

第3章

基础知识——色彩篇

3.1 马克笔工具介绍

马克笔又称“记号笔”，由英文 Marker 音译而来，是现在手绘表现中最主流的工具之一。基本分为油性、水性两种，其中又以油性马克笔使用居多。油性马克笔的颜色稳定、透明、可叠加，并且经过长时间的保留，颜色还能鲜艳如初，用鼻嗅有有机溶剂的刺激性气味。水性马克笔以水为溶剂，对纸张的要求较高，叠加容易返色发灰，且不宜长时间保留。

目前国内出售的马克笔品牌繁多，笔者推荐美国的 Chartpak AD 马克笔及韩国的 Touch 马克笔。

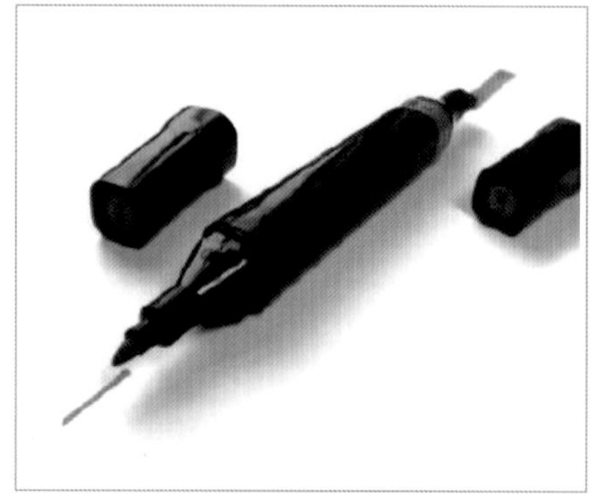

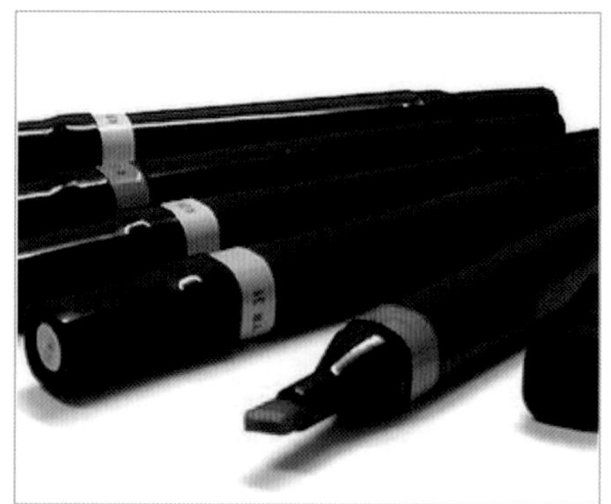

整套马克笔数量众多，然而并不是每种颜色都适用，所以推荐先购入一些基本的颜色，如常用的灰色、绿色、蓝色等；一些特殊的颜色可以随着需要逐渐添置。提醒初学者：挑选颜色时不要挑选过于艳丽的颜色，适当选择饱和度不太高的颜色。以下是笔者常用的马克笔的型号，供初学者选购时参考。

Touch 品牌马克笔 40 种常用色推荐

1，6，9，15，25，36，37，42，43，46，47，48，49，50，51，53，54，56，58，59，62，68，76，84，92，97，104，120，BG3，GG3，GG5，CG0.5，CG1，CG4，CG6，CG9，WG1，WG3，WG5，WG7。

3.2 马克笔运笔排笔的技巧

马克笔是一种很特殊的快速表达工具，以其鲜明的特点日益成为快速表达的必备工具。马克笔绘画不同于水彩或油画这样的传统绘画，并不是在调色盘中调好满意的颜色后再绘制在纸（布）上，它的绘制和调色均在纸面上完成。笔者觉得马克笔的魅力有 3 点：一是快速、不拖泥带水的画面状态；二是由各种丰富的笔触组成的画面效果；三是通过特定技法呈现出的渐变状态。

初学者在练习掌握这种工具时，需了解以下几点。

（1）在上色前线稿必须过关，透视关系准确、明暗关系清晰、材质肌理适当刻画，这都关系到上色的最终效果。

（2）马克笔不具有较强的覆盖性，淡色无法覆盖深色。所以在上色的过程中，要先上浅色再覆盖较深重的颜色；同时要注意色彩之间的相互和谐，忌用过于鲜亮的颜色，以中性色调为宜。

（3）马克笔的排线和笔触是掌握的重点，有规律地组织线条的方向和疏密，有利于形成完整协调的画面风格。很多时候马克笔的排笔方向和在墨线阶段遵循的逻辑是一致的。

（4）虽然一定的叠加所形成的渐变会让画面更富魅力，但要注意叠加的遍数不宜过多，一般不超过 3 次。想要得到硬朗的过渡渐变，就必须在第一遍颜色干透后，再进行第二遍上色，而且要准确、快速。

以下是马克笔几种常见的用笔方式。

1. 快直线

快直线是马克笔最主要的笔触，一般用于绘制较为平整的界面，如水面、地面、墙面、地面等。动作要领基本和快直线一致，手腕不动，下笔前观察好线条的起止点，不要犹豫，形成干净、利落的画面状态。

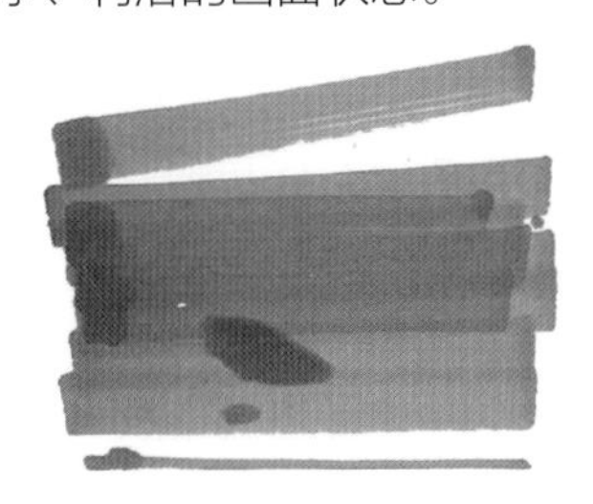

2. 扫笔（蹭笔）

此种线条多用于绘制较软的界面或材质，最常见的是用来刻画树叶或云彩。动作要领是按既定的方向不要抬笔，根据出水量的多少可调整行笔的速度，但在整块笔触的边缘要注意用笔，修饰整个色块的形状。

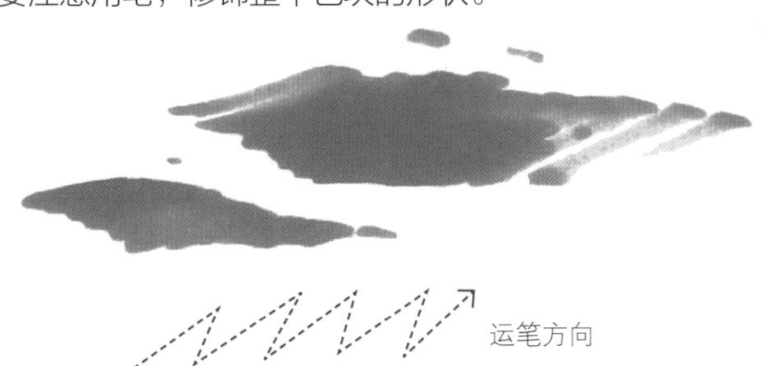

3. 飞笔

该线条一般用在虚实过渡上，如墙面、地面等。动作要领是动笔前观察好起笔处，然后在行笔的末端稍抬高笔，逐步放轻，形成类似国画中“飞白”的效果。

Tips：用快用完的马克笔绘制此种线条再好不过。

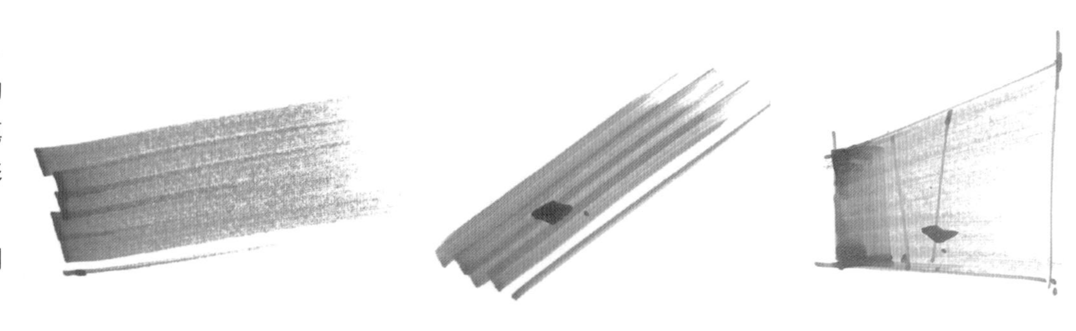

4. 点状笔

点状线并非画面中最常见的线条，然而若想得到丰富的画面效果以及逼真的肌理刻画，点状线必不可少。此线条最为重要的是“摆”放各种笔块，且要时刻注意疏密的节奏。

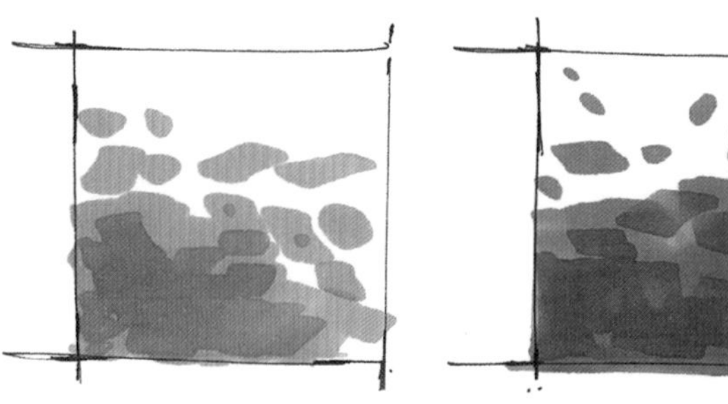

Tips：上色前要将线稿刻画到位，如准确的透视、明暗关系、材质肌理的刻画等，这些都是上色的基础，这样上色就明确许多。

笔者觉得上色的“逻辑”与线稿的“逻辑”很相似，排线、笔触、明暗均是。例如，在线稿阶段我们一般会按短轴来排线，上色时马克笔的排笔方向也是一样的。

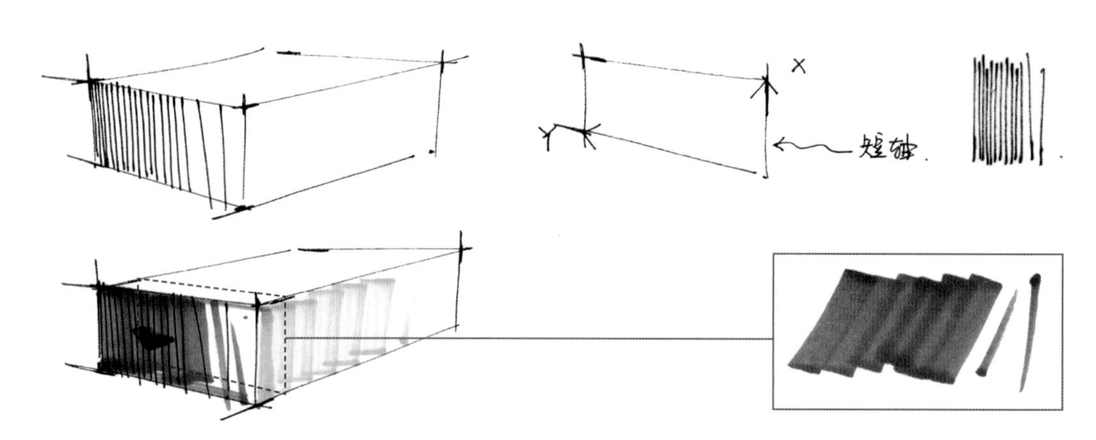

3.3 彩铅工具介绍

由于马克笔自身的特性，形成的画面效果大多是快速、刚硬、概括的状态，细节描绘并非它的强项，此时，彩色铅笔（简称“彩铅”）就必不可少了。彩铅笔触细腻、温暖、易控制，刚好与马克笔相得益彰。

彩铅相对比较好掌握，笔触的制造和控制是关键，要通过用笔的力度以及排线的密度来控制画面，注意要通过均匀的移动来绘制，切忌用力不均匀或停留在一个地方过久。

3.4 彩铅运笔排笔的技巧

1. 彩铅的用笔技巧

制造和控制笔触是掌握彩铅的关键。彩铅使用起来和我们熟悉的铅笔有些类似，都是通过画笔的轻重和线条的疏密来表达明暗虚实。彩铅不能调色，主要根据画面的需要来更换颜色。注意用笔时要适时均匀地移动画笔，不要在一处反复画，否则容易破坏纸面，形成死痕。

2. 错误的彩铅画法

用力不均匀，未能及时移动笔触。

运笔没有虚实变化。

运笔过于混乱。

彩铅可以通过不同的颜色穿插，在视觉上产生混色的效果。特别要注意的是，在这个过程中一定要对画面的色彩有一个统筹的考虑，不然会出现色彩很花的弊病。

作画时用笔的线条要有统一的排列方式，如都是直线、斜线，或者按照某个方向变化性地排列。在处理不同位置时可以根据物体的质感选择不同的笔触，但是切记，在同一幅画上不能出现太多不同的笔触，否则就会失去美感。

第 4 章

各类单体元素的画法

4.1 透视

根据由简到繁的原则，我们从单体开始逐步练习掌握手绘的技巧。而在练习单体之前，有必要了解透视的原理。由于手绘效果图并非追求绝对准确的透视，众多书籍中又对透视原理有很全面的介绍，因此本书就不再赘述。这里会简单介绍练习透视的方法，就是关于“盒子”的画法练习，以及形体间的穿插训练，这对于掌握准确的透视十分有效。

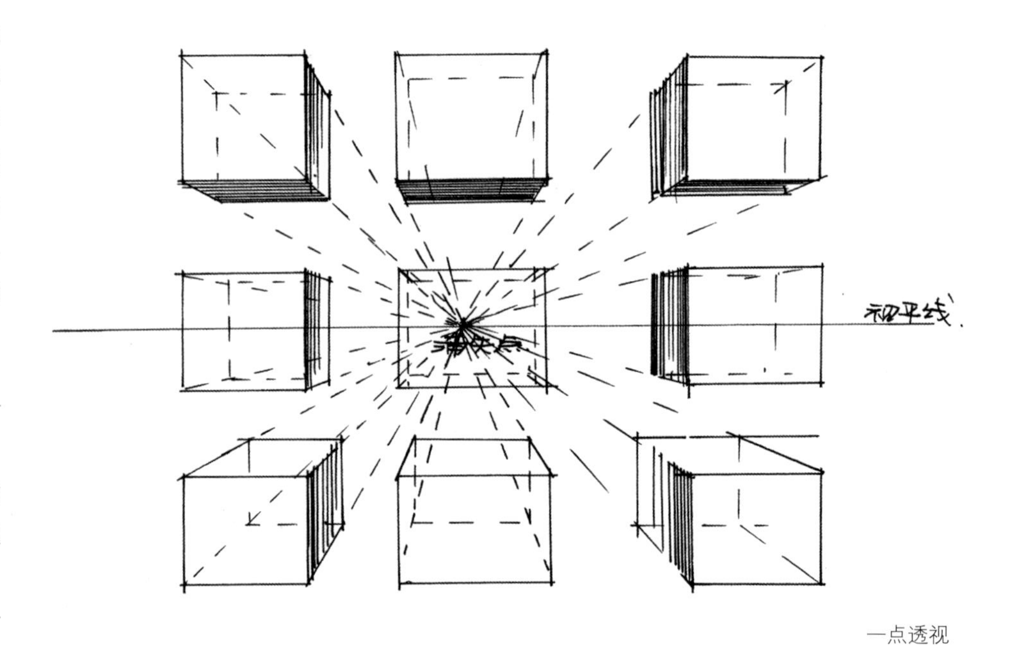

一点透视

1. 一点透视

一点透视又称“平行透视”，是指所绘制物体的一边（面）与水平线平行，另一边（面）与水平线垂直，则向内延伸的线（面）的延伸线最终会交汇在一个消失点上，这个点即消失点，又叫灭点。由于一点透视相对容易掌握，又能同时展现较多的画面内容，所以在效果图表现中应用得较多，但要注意构图，尽量避免呆板。

2. 两点透视

两点透视又称“成角透视”，是指所绘物体的两组竖向立面均不平行于画面，并与画面成某一夹角状态，且消失于视平线的两个点上，即画面上有两个灭点。相较一点透视的效果图，两点透视的画面更加生动灵活，尤其能够反映出建筑体的正面和侧面，易于凸显建筑的体积感。在绘制建筑外观时会较多采用两点透视。

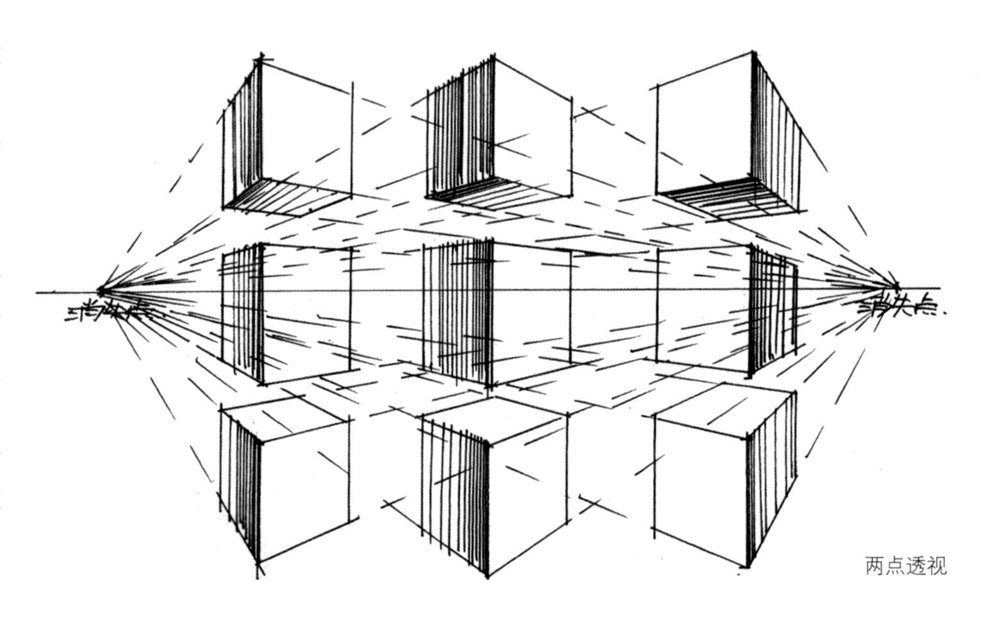

两点透视

4.2 立体形象思维训练

可以通过一些小练习来锻炼“想”和“画”的能力，尝试将一些简单的形体进行穿插、旋转、渗透，注意前后关系及透视关系。

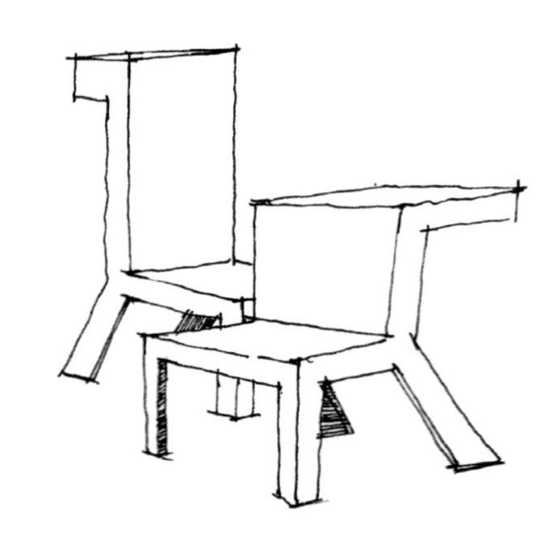

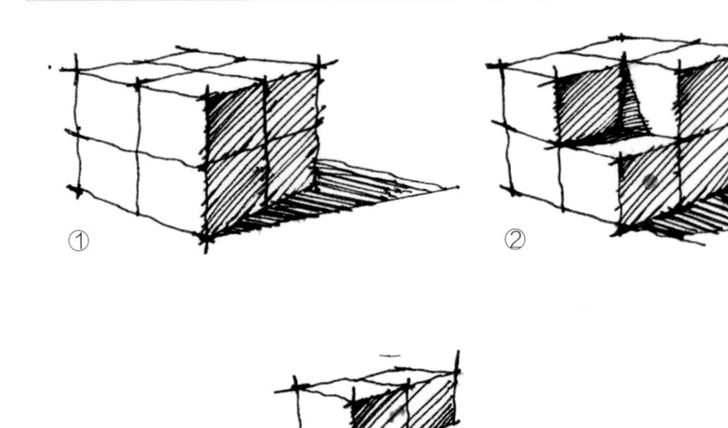

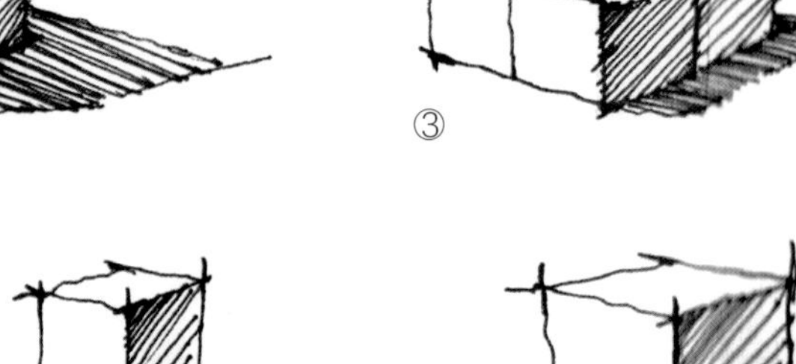

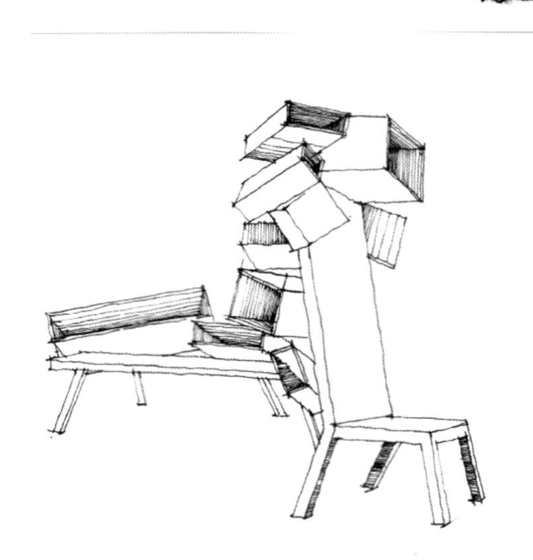

4.3 家具单体的推导训练

家具绘制的练习是由易到难锻炼透视能力的一种好方法。但由于家具种类繁多，初学者还是会无法下手，所以这里介绍由“盒子”推导到各种家具单体的方法。

“盒子”的概念

绘制时想象家具位于一个立方体或方盒子内，然后将它放在透视图的合适位置，最后再在盒子内画出家具的细节。

面对各式各样的家具手足无措时，若能将其概括成最简单的盒子，先确定大致的形体和透视，然后再逐步落实局部的细节和比例，由整体到局部，这样会轻松很多。

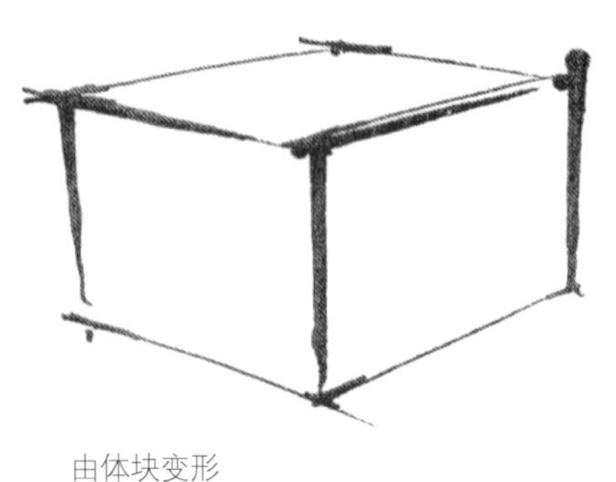

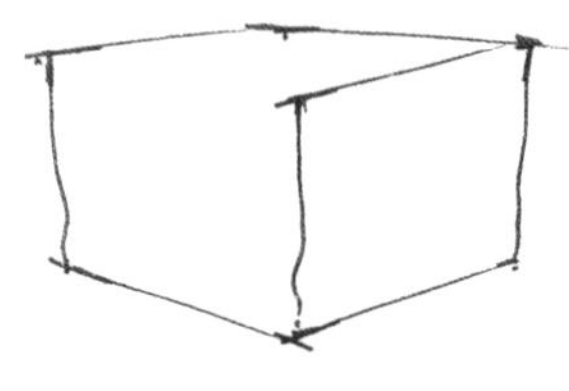

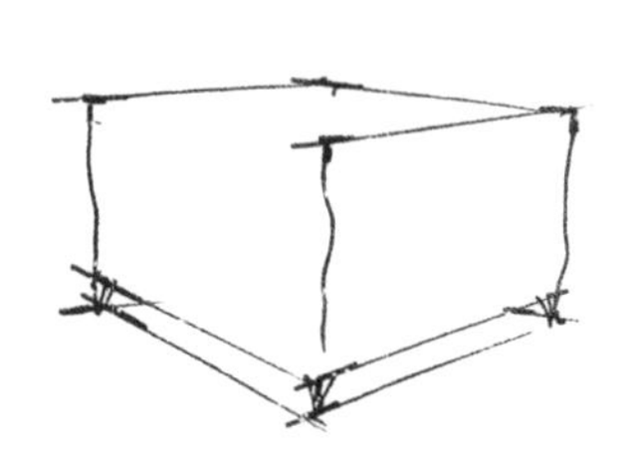

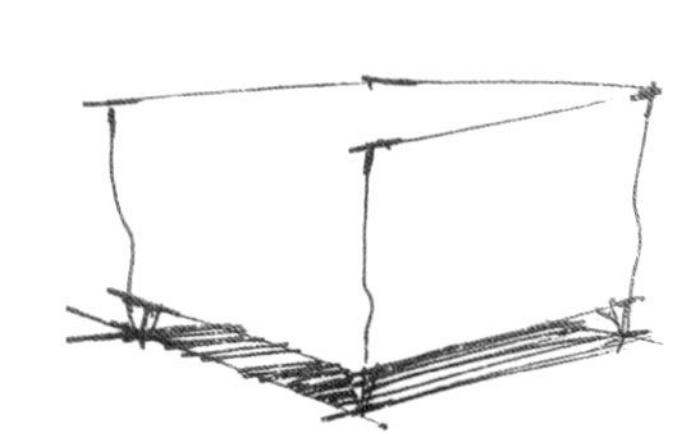

由体块变形

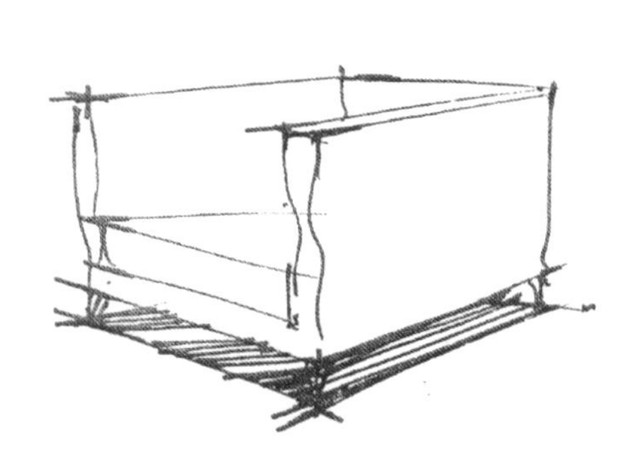

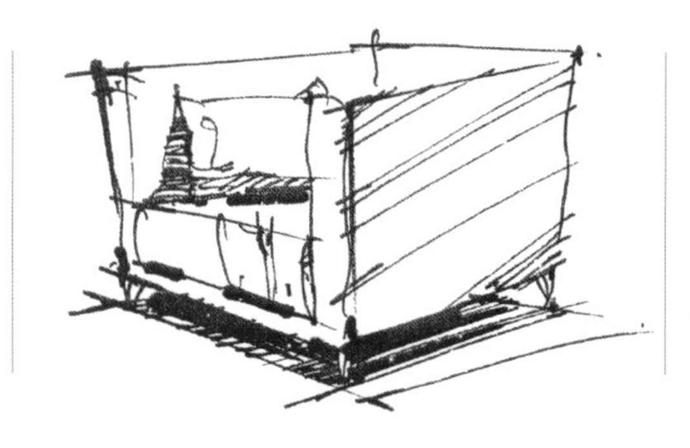

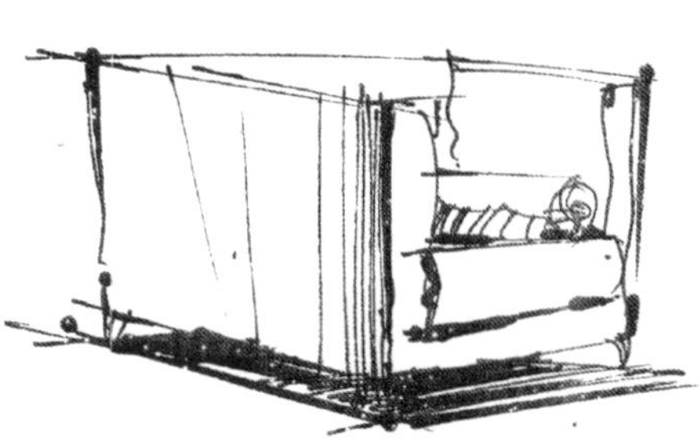

1. 家具单体的推导步骤

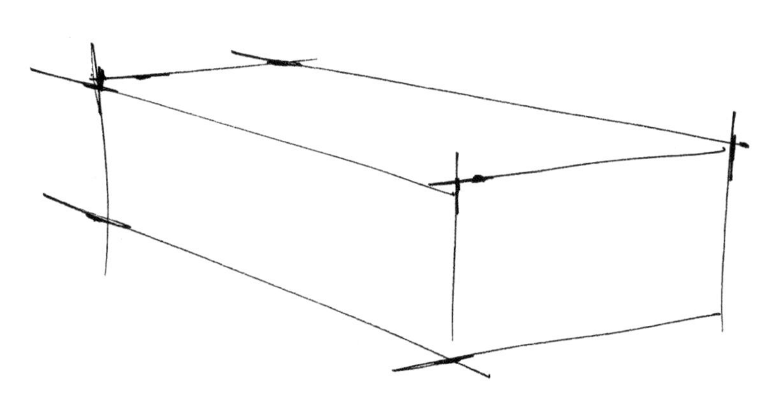

（1）先把要画家具的单体盒子准确地建立好，由整体开始，再刻画细节。

（2）用简洁肯定的线条绘制家具的各个部分，要注意透视和比例，对不同质感的界面可以用有针对性的线条刻画。

（3）在确定轮廓以后开始交代沙发各个面的明暗关系，注意排笔的方向，针对不同的材质使用不同的线条。

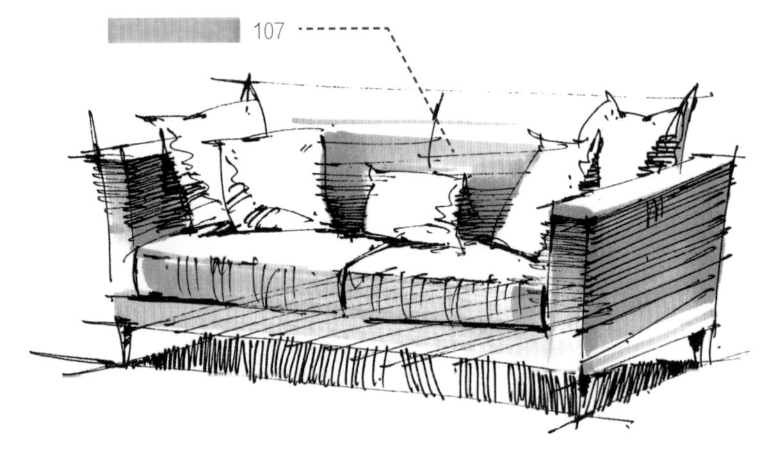

（4）开始第一遍着色，注意对每个面按照透视线的方向整齐排笔；留意光源的方向，适当留白。

（5）待第一遍颜色完全干透后再开始第二遍的刻画。挑选一支和上一遍颜色同色系但深一点的马克笔，这一遍颜色基本按照上一遍颜色的方向，但不要完全覆盖。

（6）最后完成整体细节刻画以及整体调整。结合沙发本身皮质的质感，使用彩铅增加磨砂的质感，并在沙发的受光面增加一些暖黄色光源。

（5）

（6）

2. 家具单体的练习

家具单体的线稿一定要简洁肯定，明暗关系要交代清楚。一般说来，明暗线条会略轻于轮廓线。

表现“软”和“硬”这两种材质的用线有较大的区别，木材质的用线要十分硬挺。

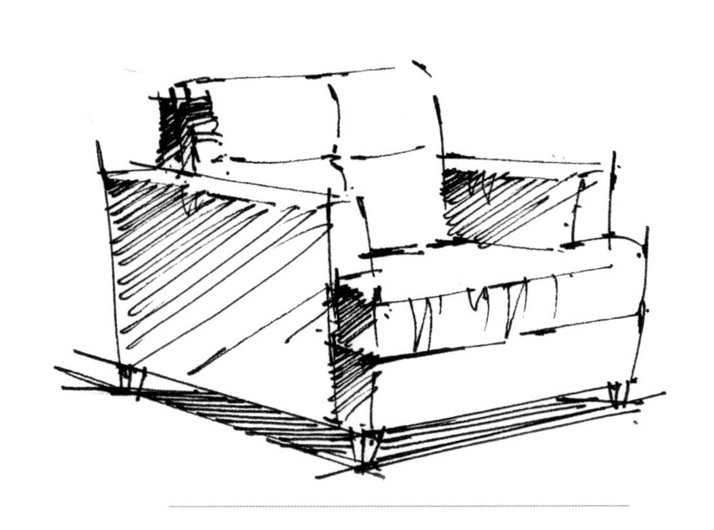

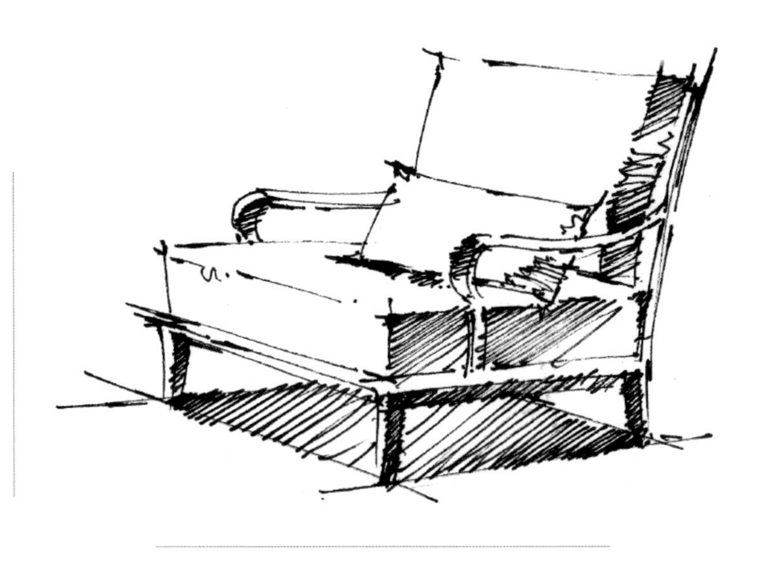

CG1
CG4
BG7

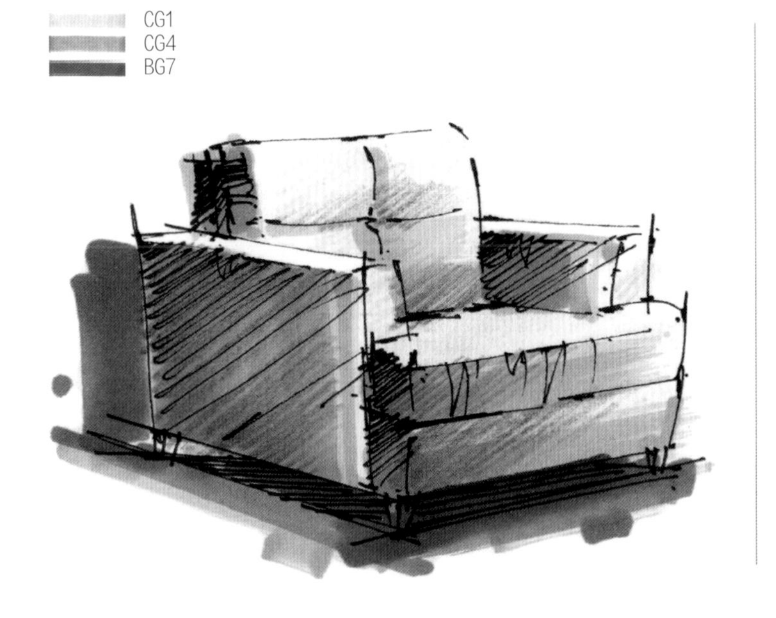

185
74
CG1
BG5

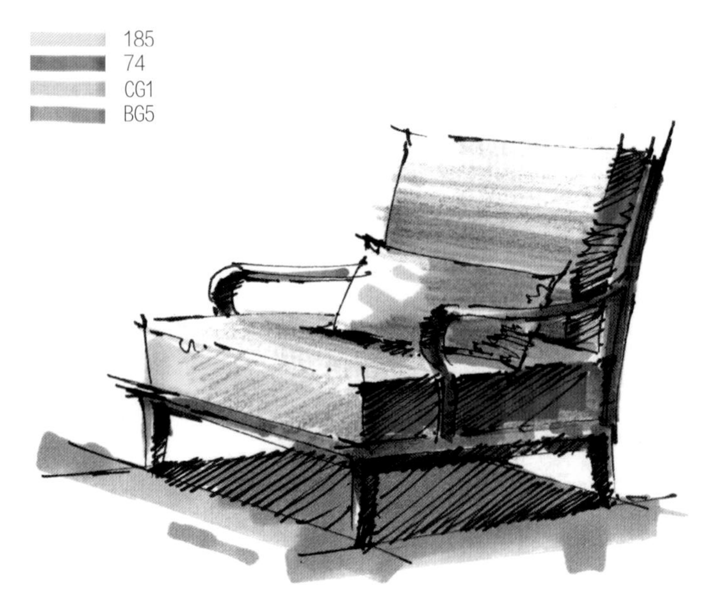

弧线有时难以掌握，不妨试试用轻一点的线条来处理，偶尔也可以尝试断线。

在描绘一些不同的材质时要注意使用有针对性的线条，画前有必要揣摩一下原有物体的质感：是软还是硬，光滑还是粗糙，是薄还是厚，慢慢积累不同材质的表达方法，丰富细节。

上色时首先要考虑的是家具本身的固有色，注意马克笔的排笔方向基本和墨线的方向一致，另外要注意层次关系。

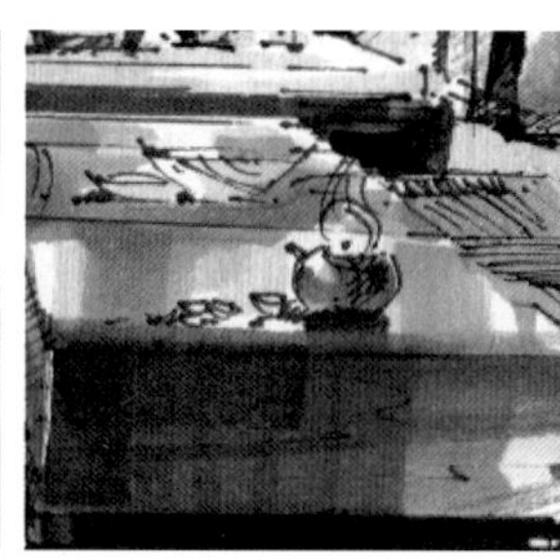

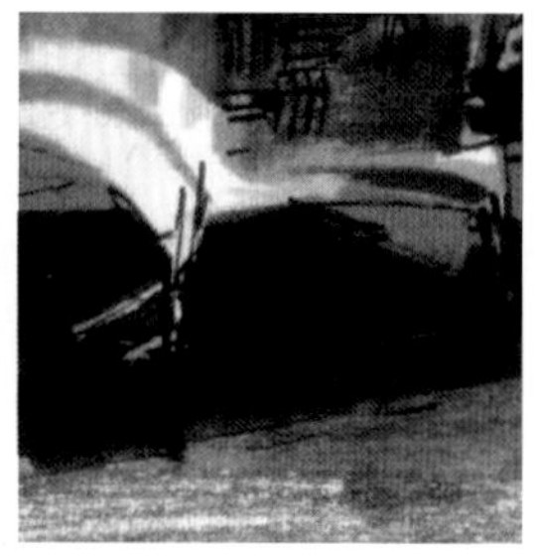

4.4 家具组合的推导训练

在训练了单个家具后，开始进入组合的训练。组合实际上是单体的集合，但关系相对复杂一些，并且有了前与后、虚与实的关系。

1. 家具组合的推导步骤

（1）起稿要尽量放松，只需确定大概的形体和比例，为下一阶段的墨线刻画提供参考。

（2）这一步不用过多地描绘细节，绘制出轮廓后对阴影进行一些绘制。

（3）开始对部分细节进行描绘，例如，椅子背面的花格。注意用明暗表现好厚度。

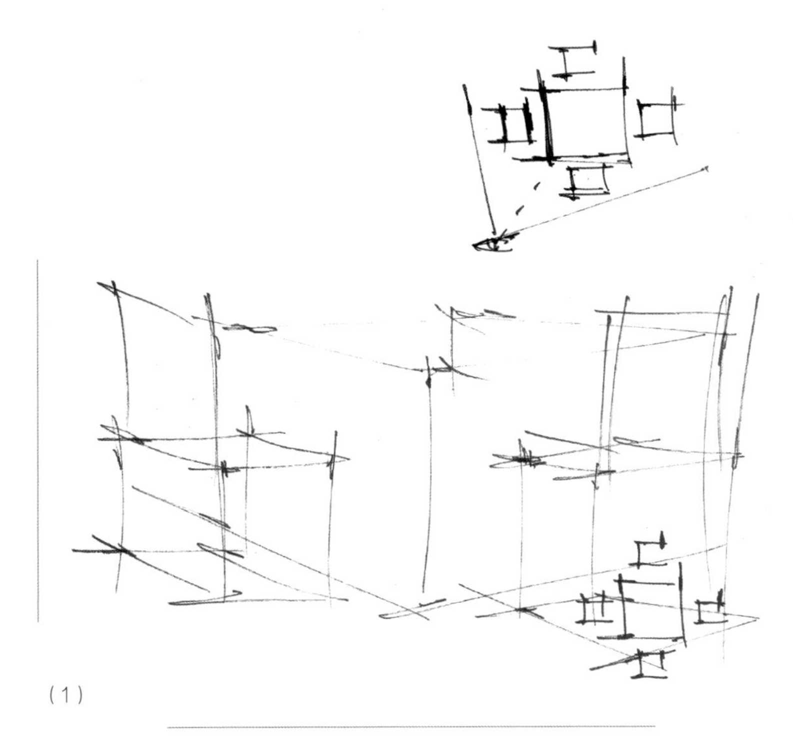

（1）

（2）（3）

（4）

细节

（4）上色时要注意干湿画法的处理。在处理桌布这样的软性材质时，可以用湿画法，即第一遍颜色未干时立即上第二遍颜色，让两种颜色融合。但处理木凳这样的材质时，就必须等第一遍颜色完全干透后再上第二层颜色，这样用笔形成的效果更显硬朗，棱角分明。

2. 家具组合的练习

先将要绘制的组合归纳为相同角度透视的盒子，然后在框架内进行塑造，这样有利于短时间内把握准确的形体透视。

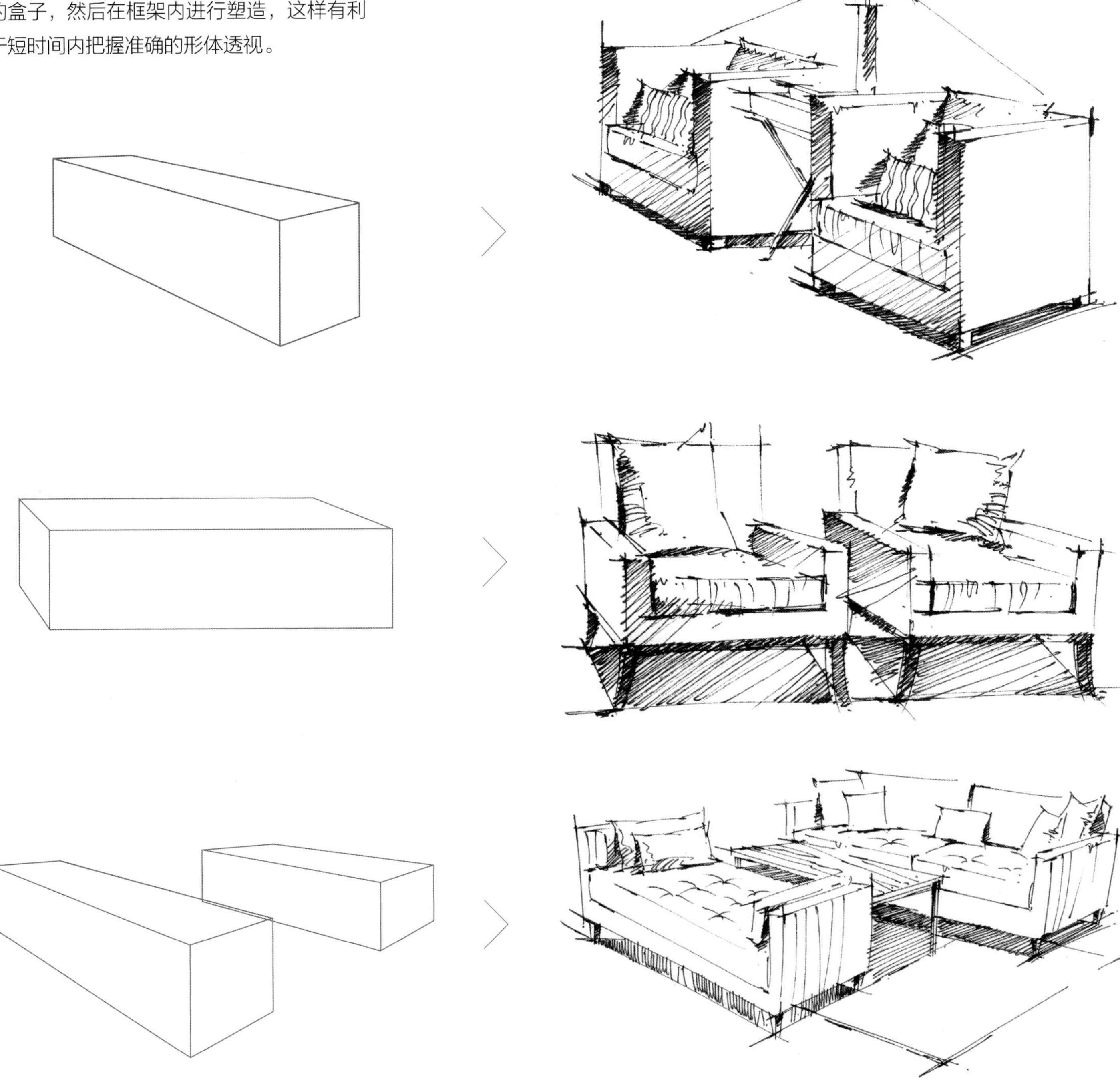

平日可以多搜集整理并绘制一些家具，透视的把握和线条的掌控能力都会随之提高。

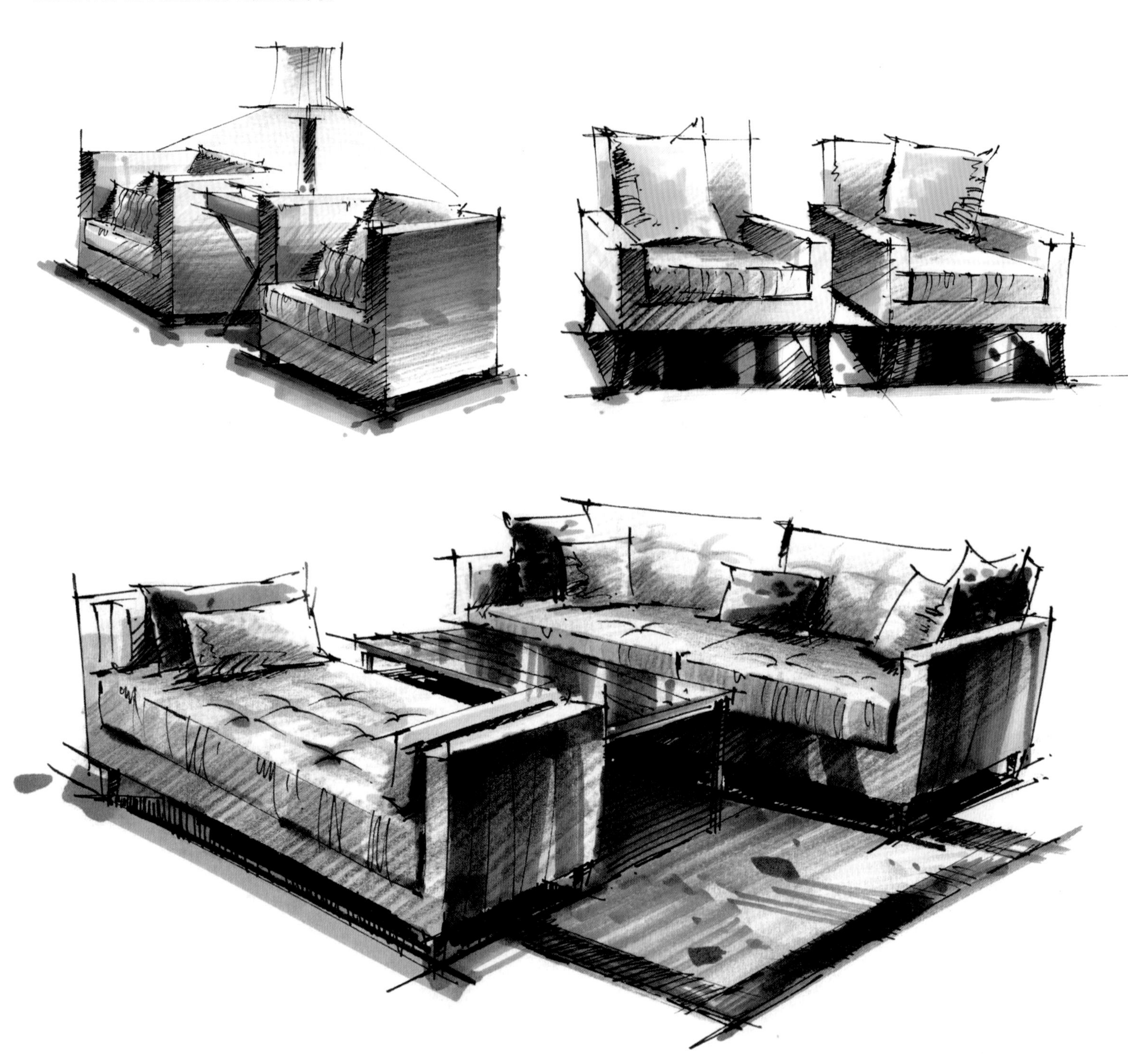

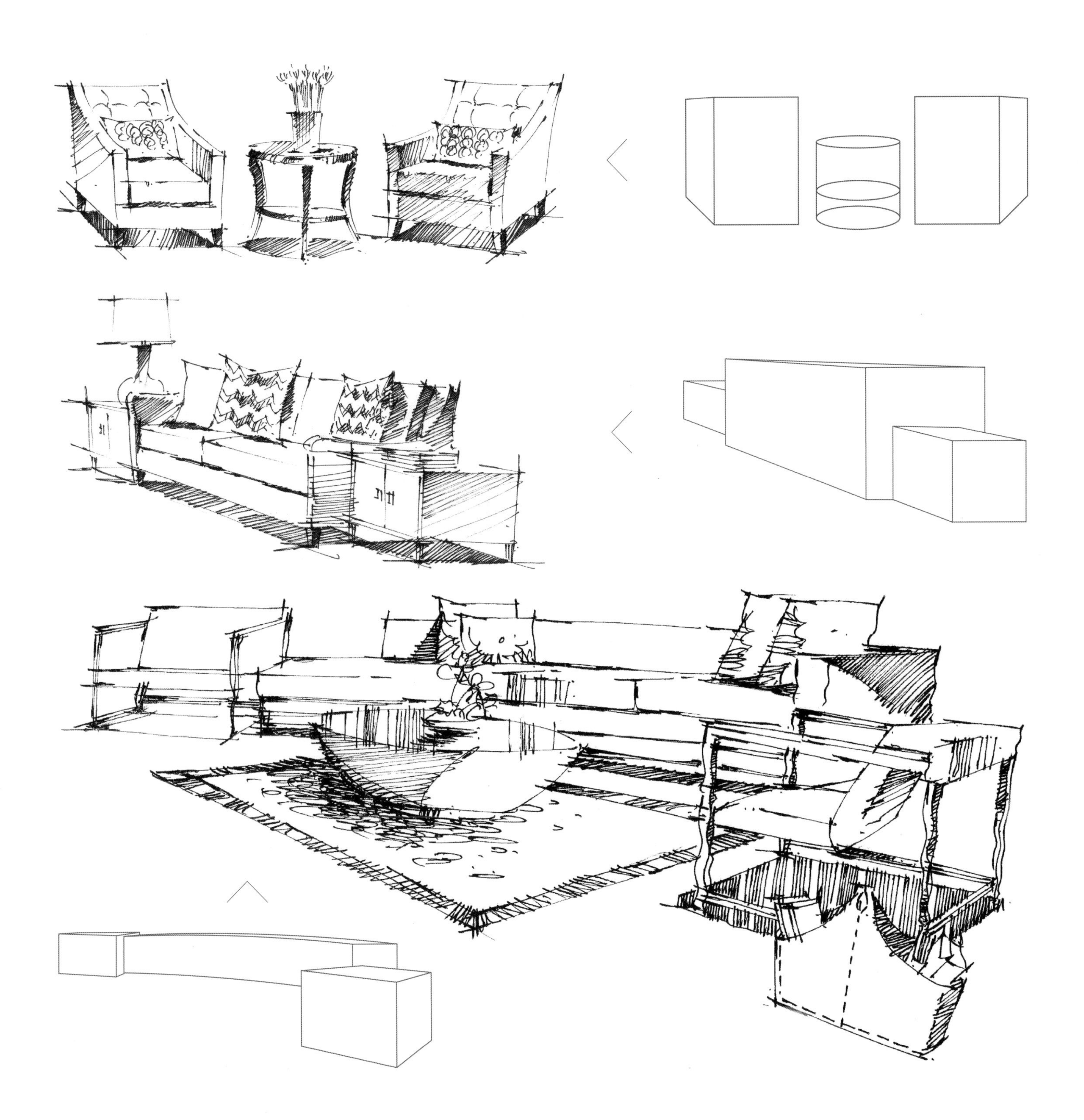

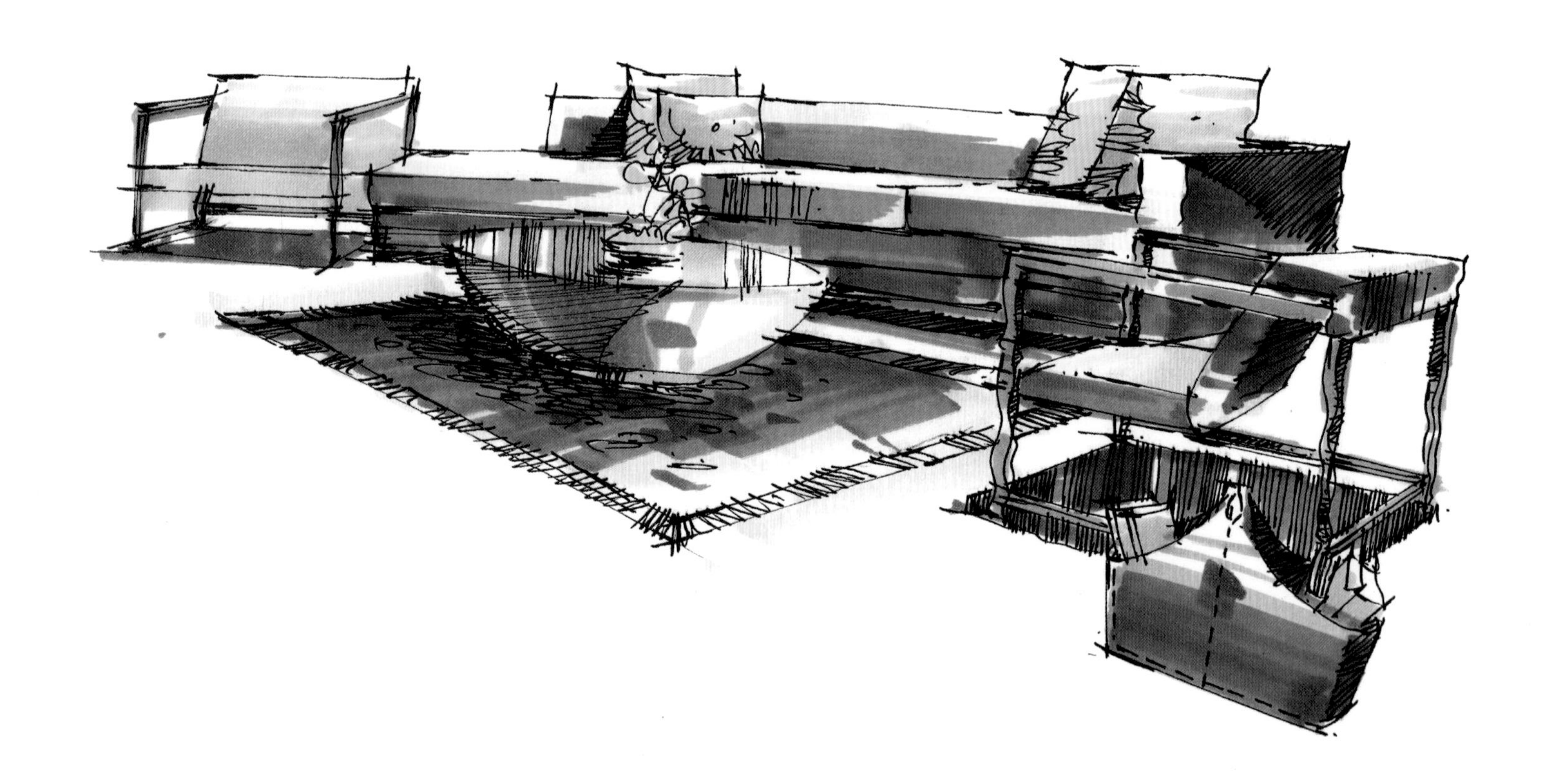

组合练习到一定阶段后可以进一步扩展，尝试表现周围更多的物体，慢慢接近整个空间。随着描绘对象的增多，相互之间的空间关系也会更加复杂，要注意刻画阴影，并且明确前后与虚实关系。

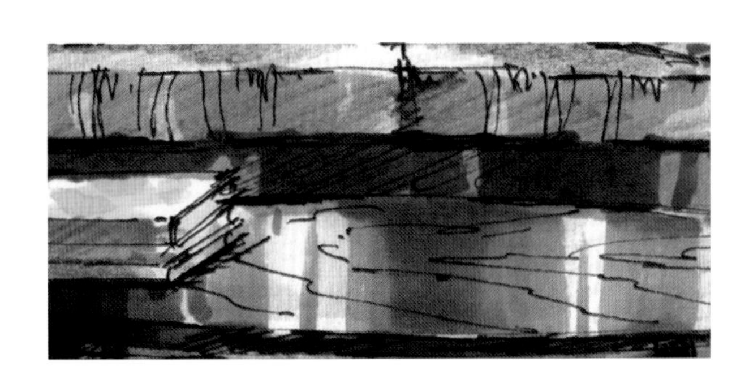

图中的茶几在靠前的位置，为表达这样的前后关系，后面的沙发就必须用较深的颜色，以拉开前后的空间关系。

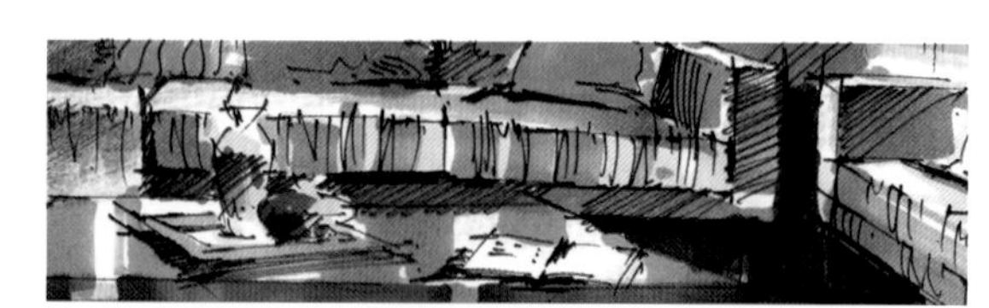

注意物体间的空间关系，如表达前后关系时，往往靠后的物体与前面物体相交部分的明暗处理会更重一些。

表达两个物体上下或者左右的空间关系时，它们之间的部分在明暗处理时会有意加重。

3. 床的组合练习

绘制床的组合时最关键的是要注意床的长宽高比例，另外还要注意其与旁边的床头柜的关系。同样可以归纳成单体盒子的组合，先确定大的比例，然后进一步塑造。

用线尽量准确、肯定，能够一条线完成刻画的就不要用两条线。台灯的刻画看似简单，但往往被忽视，越是少的线条越能见出功力。

上色时要考虑用同一色系或相近色系的颜色进行搭配。绘制装饰品时可以采用一些较鲜艳的颜色，面积不大就足以为画面增色。

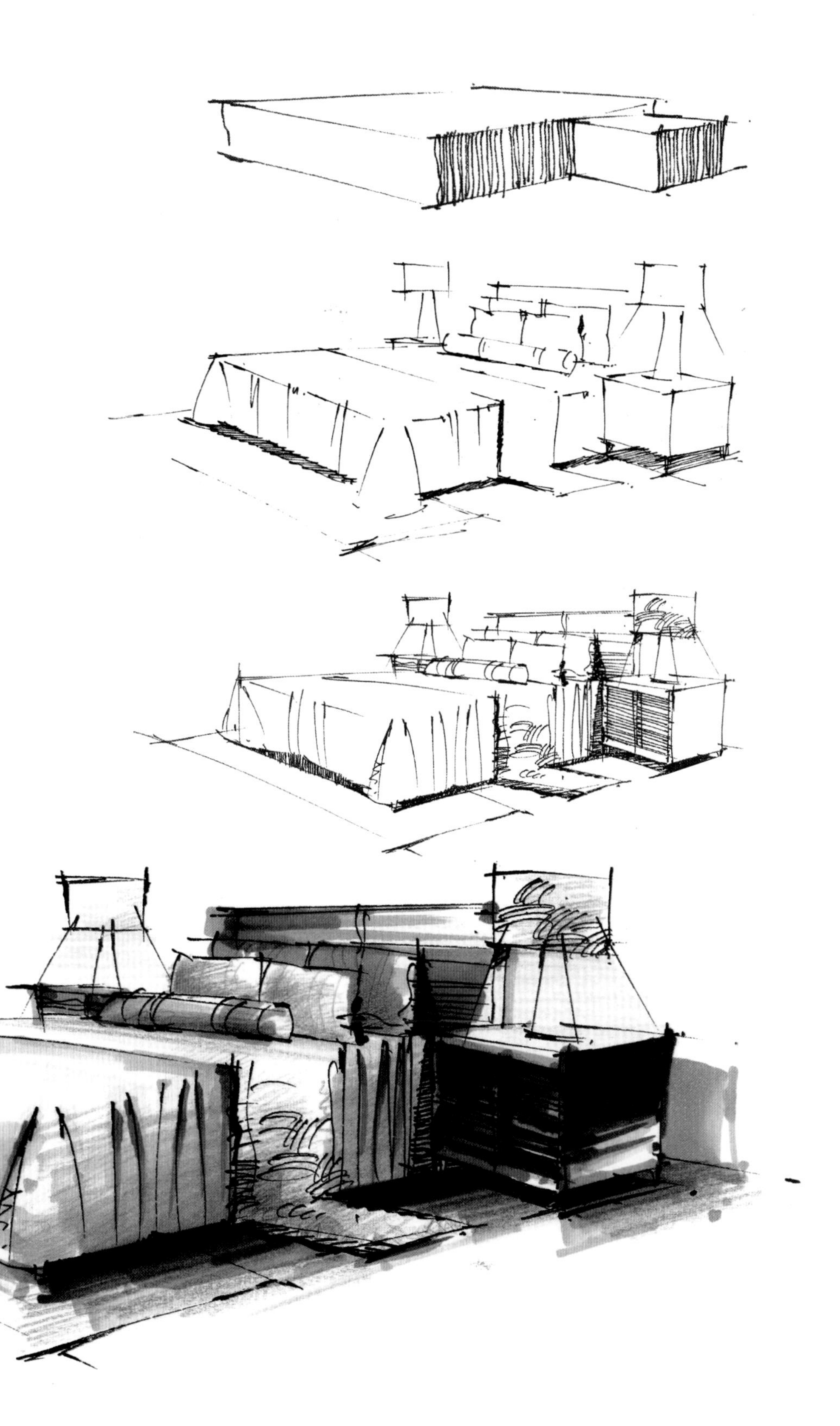

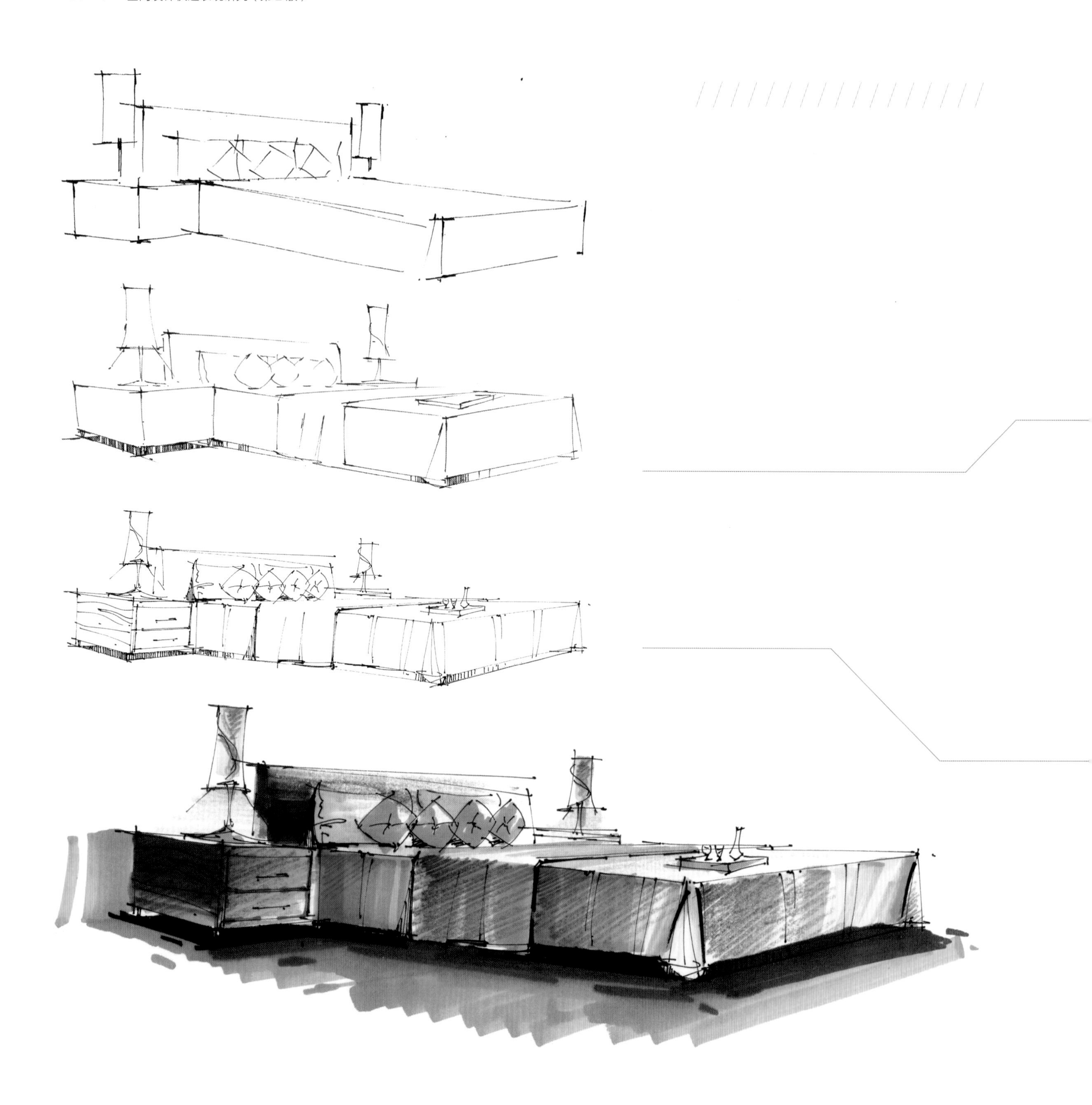

上色时除了固有色外，还可以使用彩铅增添一些暖黄色，这样在体现软装质感的同时也让画面有了温暖的氛围。

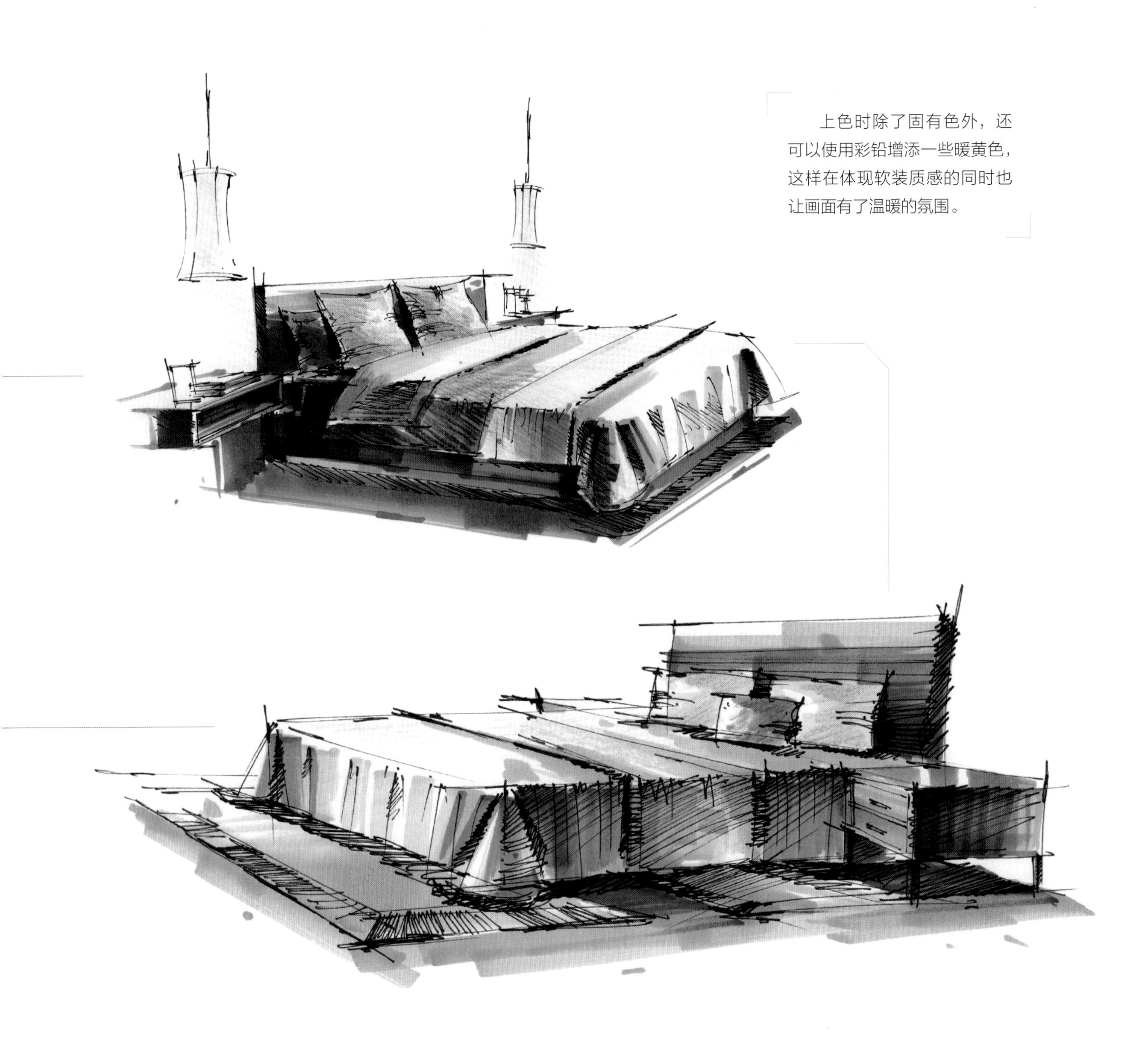

4.5 灯具的练习

灯具也是我们在绘制过程中经常要表现的单体，其看似简单的寥寥几笔，然而越简单的造型往往更见功夫，所以绘制时要注意线条的准确与流畅，尽量简洁和概括。

光线部分一般用彩铅来表现，细腻的质感更加适合表达光感，但要注意留白。

4.6 配景植物的画法

1. 室内配景植物

植物是效果图表达中必不可少的元素，能够给空间带来自然清新的视觉感受，升华空间的主题，更重要的是在效果图的表达过程中我们经常用植物来平衡构图，譬如收边或者压脚。所以平常要注意观察，多收集一些不同种类和尺寸的植物画法，表达时就能灵活使用了。

室内植物的绘制步骤示范

（1）起稿阶段先用铅笔将植物的框架定出，记住一定要整理好关系，譬如这些枝叶中哪几根是主体，哪几根是附属，这样才会更加自然。

（2）注意枝叶前后关系的处理，后面的植物可以用概括的笔触处理，稍加些阴影。

（3）上色阶段先铺固有色，从中间色开始，注意按照植物的生长方向运笔，另外也要注意留白。

（4）在固有色的基础上按照光影效果去绘制明暗，注意整体的大效果，前一层的颜色不要完全覆盖，可以点一些点，这样植物会显得鲜嫩。

（5）最后进行调整刻画，稍加些彩铅以增强笔触，另外可以用高光笔稍微点些高光。

室内植物的画法

2. 室外配景植物

手绘效果图中构图是十分重要的一个环节，手绘表达既要能准确地诠释设计方案要表达的含义，同时画的图还要有视觉美感，所以一些处理技巧我们必须掌握。“收边”是一种常见的构图处理方式，主要作用是根据由中心往周边扩散的原则，让周边的线条“消失”得有凭有据，使其线条能够规整，从而达到构图得体完整的目的。

这两张图就是收边处理手法在效果图中应用的例子，收边的植物大多比较高大，绘制时注意用简单轻松的线条来表达。

画植物时，一定要有形体的概念，分析光线的方向，然后用活泼的锯齿线刻画。

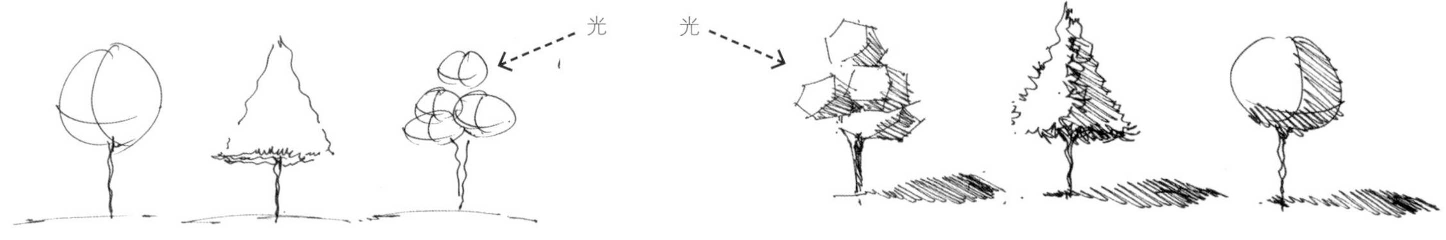

学习用阴影成簇成团地整体概括。

有了大概的形体后，就可以进一步刻画了，像图例示范的乔木，由于本身较为蓬松的质感，所以外形的勾勒一般会使用锯齿线，锯齿线的大小可以根据树木本身的体量而定，并按照原有形体进行概括，可以尝试有规律的排线。

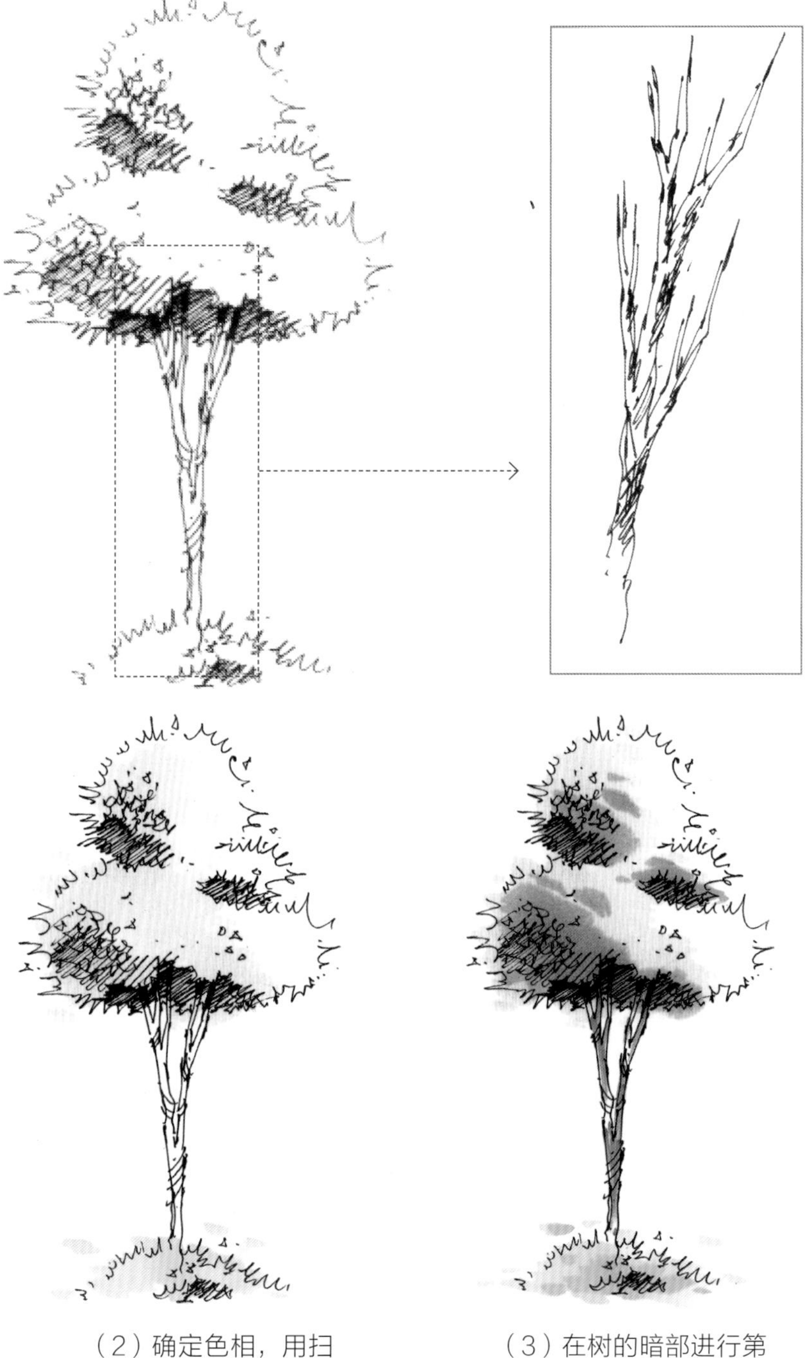

（1）在绘制树干时注意3点：一是了解树木生长的规律，根部较粗，越往上越细，分支越多；二是树干很少有直线，大多是弧线；三是可以适当停顿，以产生一些合适的笔触。

（2）确定色相，用扫笔将主体颜色进行铺陈。

（3）在树的暗部进行第二层颜色的铺陈，注意不要将上一遍颜色完全盖住。

（4）最后加上些光源色以及彩铅，增加质感和丰富细节。

各种室外植物的画法

4.7 人物画法练习

我们设计的空间大多围绕人来展开，画面中人的存在意味着空间是人类活动的场所。人物在效果图中的作用主要有 3 点：改善图面的气氛；作为参照物显示比例关系；平衡画面的构图关系。由于快速表达的原因，我们在绘制效果图时极少会绘制具象或需要很多细部刻画的人，主要以偏抽象的人为主，生动活泼，绘制起来又简便，这里列举些作者经常用到的画法，记得在绘制时要注意比例关系，头尽量小一些，另外线条要肯定、流畅。

人物的运用

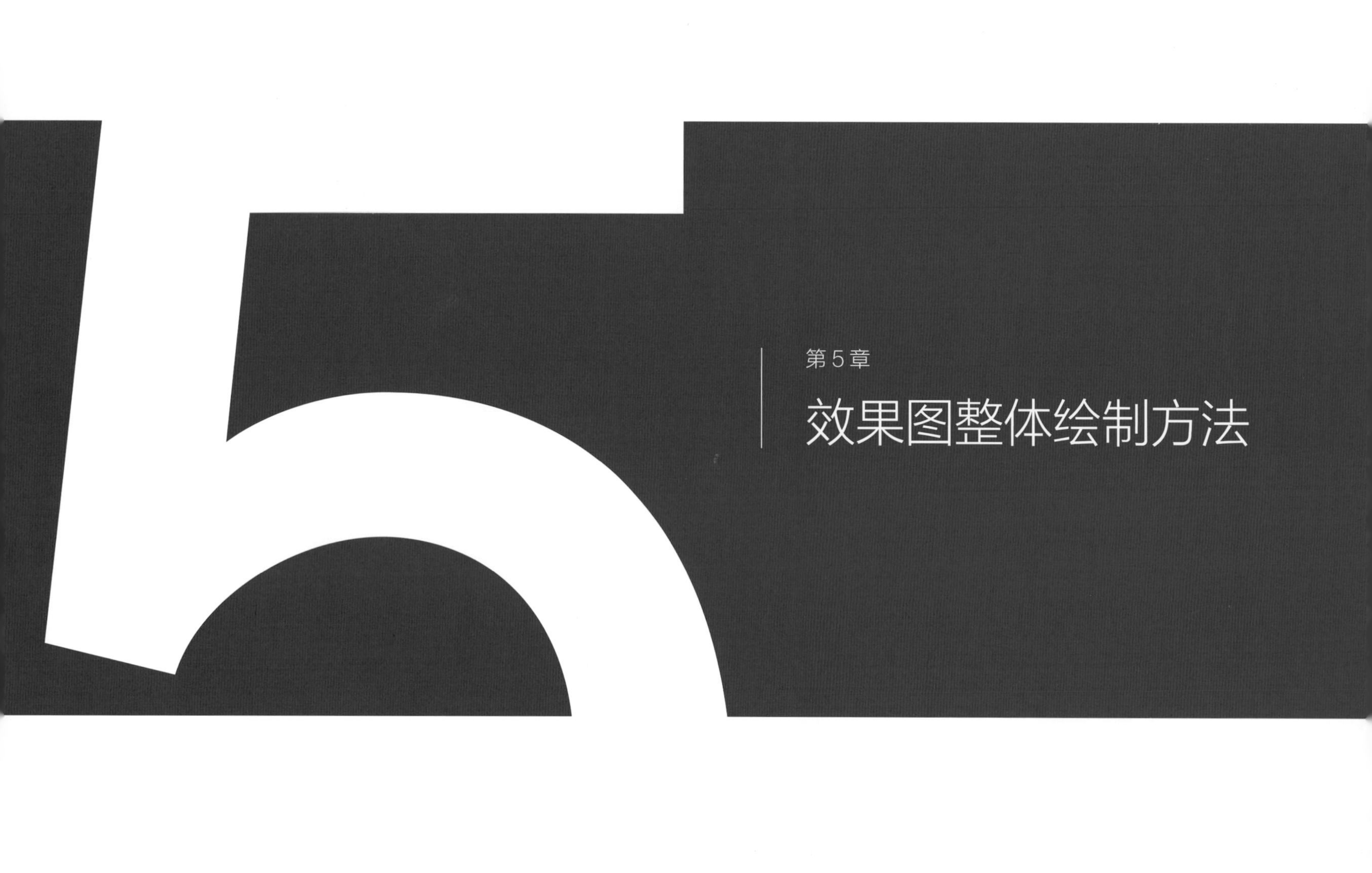

第5章

效果图整体绘制方法

5.1 如何聪明地构图

构图是绘制的第一步，也是最为关键的一步。好的构图不仅会让画面想要表达的重点一目了然，同时也能让整个画面生动有趣，获得出乎意料的感受，感叹作者的匠心独具。上乘的手绘效果图作品对于构图极其讲究，这一点与其他画种的绘画极其相似。构图的形式不同，给观者的感受会很不一样，一般横向构图适合室内外开阔的空间，如公园、广场、大型商场、展示空间、大型交通站等，而竖向构图则适合室外高大建筑物、室内小空间的表达。设计效果图视角的选择、主体的位置、画面的平衡，都是效果图完整构图的基本组成要素。

1. 视平线的高低选择

一般而言，在绘制效果图时我们会将视平线定在中间靠下一点的位置，这样画面的底部面积会相对缩小，留给顶部的空间更大。好处之一在于画面因此会显得稳重，空间显得更加开阔；另外画面中的一些不必要的复杂细节会因此减小，可以集中主要精力处理画面其他部分。

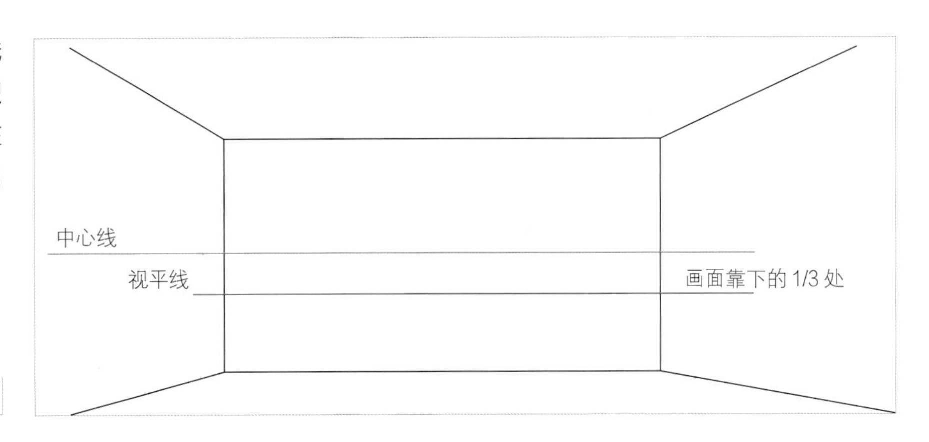

以下图为例，由于视平线定的位置较高，所以地面、床、床上的摆件、床头柜朝画面上方的面的面积都相应增加，而这些面并没有特殊刻画的必要，所以增加了一些不必要的工作量，并且这样的画面也显得较为压抑。

绘制建筑表现时视平线更加靠下，这样会显得建筑雄伟、高耸。

这样的构图即我们所说的较为优秀的构图，视平线较低，既让空间显得开阔，也省掉了一些没有必要的细节表现。

视平线处于画面中心靠下约 1/3 处

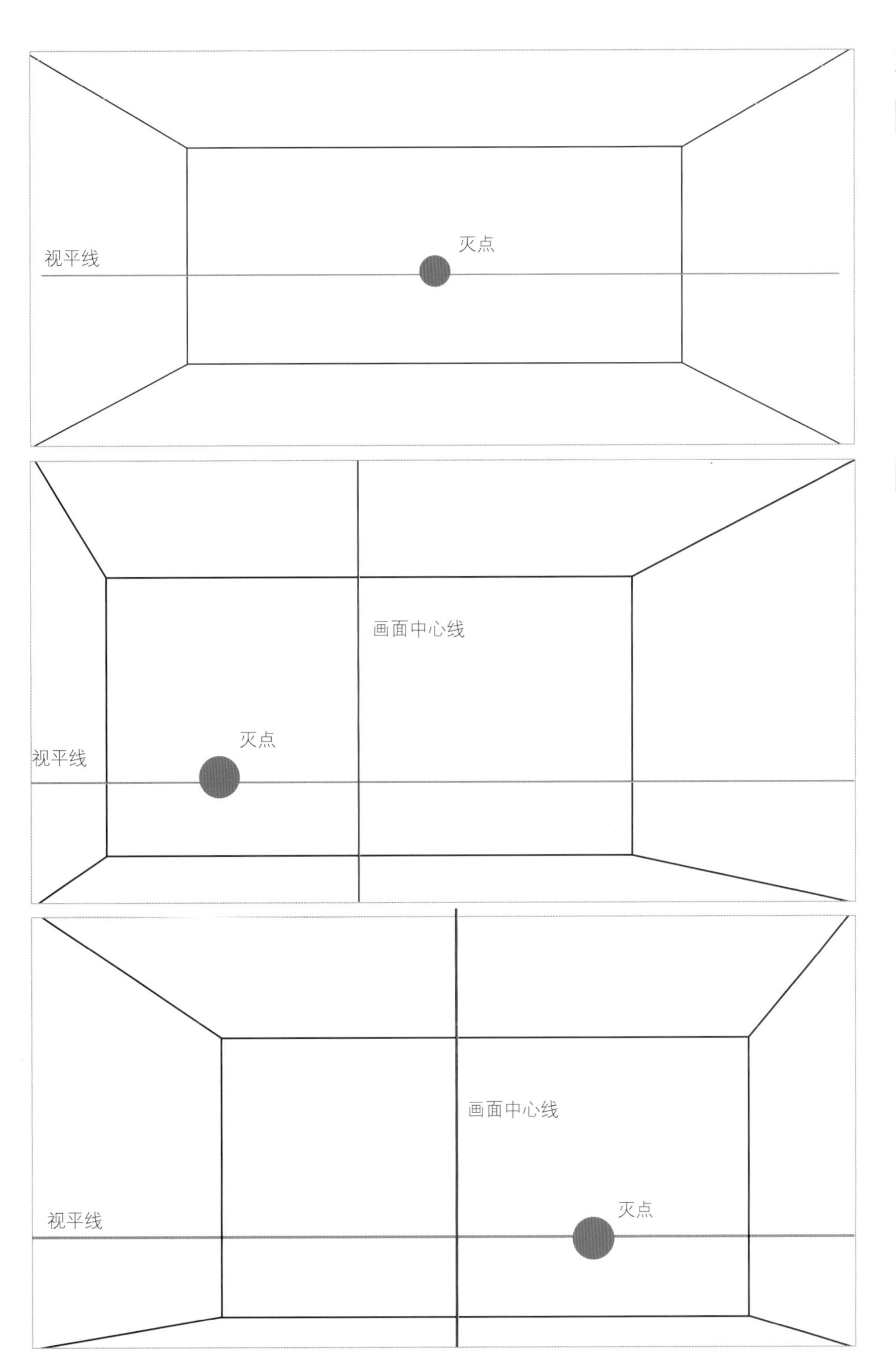

2. 灭点的左右选择

当我们把灭点设置在画面正中心时，画面上下左右四面的面积基本相同，这样会显得庄重、肃穆，同时也会显得比较呆板，失去趣味，所以我们在绘制表现图时一般会有倾向性地去设置。

如果在绘制时要表达的重点在右侧的墙面，可以将灭点适当左移，这样右侧的墙面展现的面积就更大一些，更利于表达和刻画，画面的重点一目了然，构图也会因为这种“失衡”显得更加生动。如重点在左侧墙面，则应该把灭点设置在中心偏右的位置。

3. 巧妙地用植物或装饰品收边

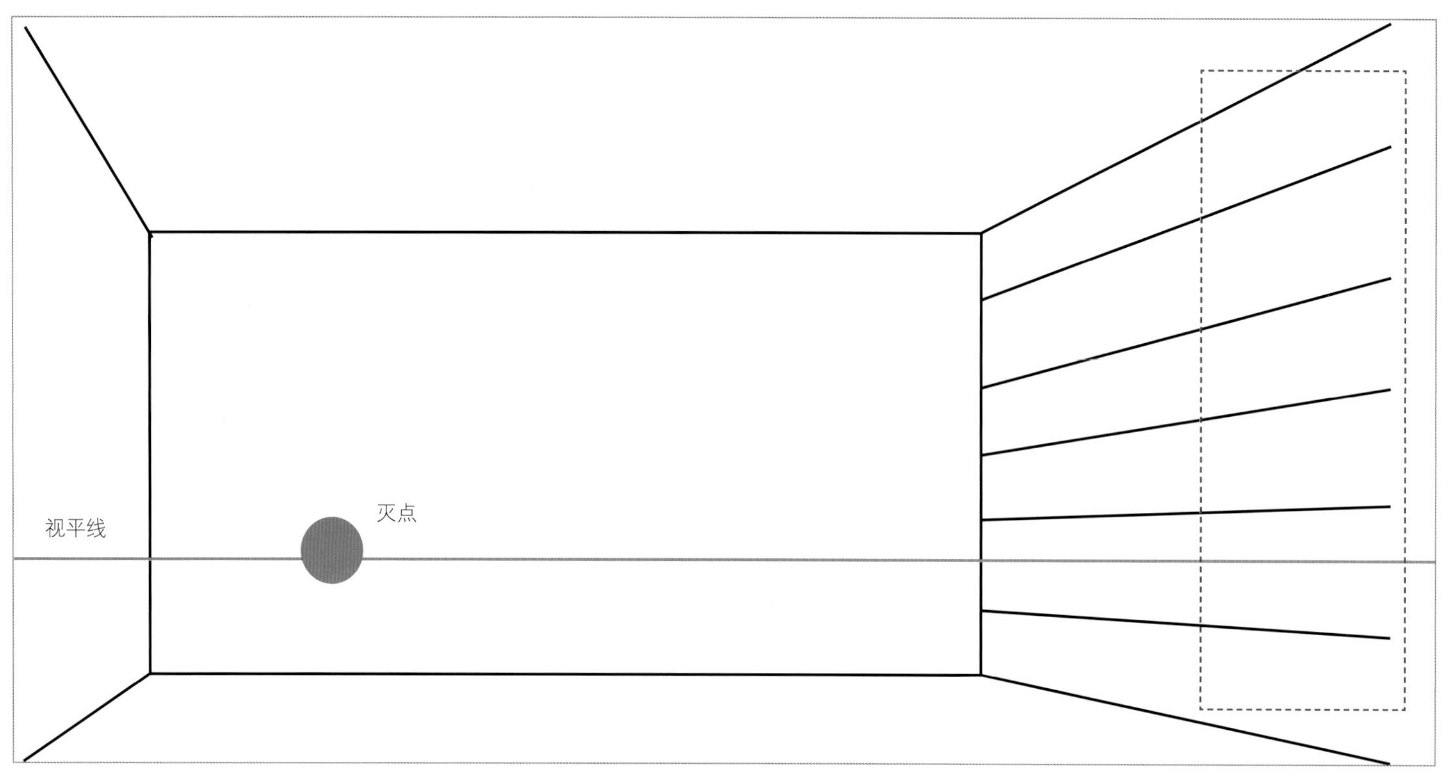

效果图是“收”和“放”的学问，对于画面与纸张的交界处也十分讲究，我们必须有一些技巧才能让表达更加出色。如果右面有一面横向线条的造型墙，表达时如不加以处理，线条最终会形成放射状，将来用马克笔上色时就更加不好处理。

我们可以利用植物或者装饰品去巧妙的“收边”，这样既可以让画面更加得体，同时也能起到升华空间的作用。

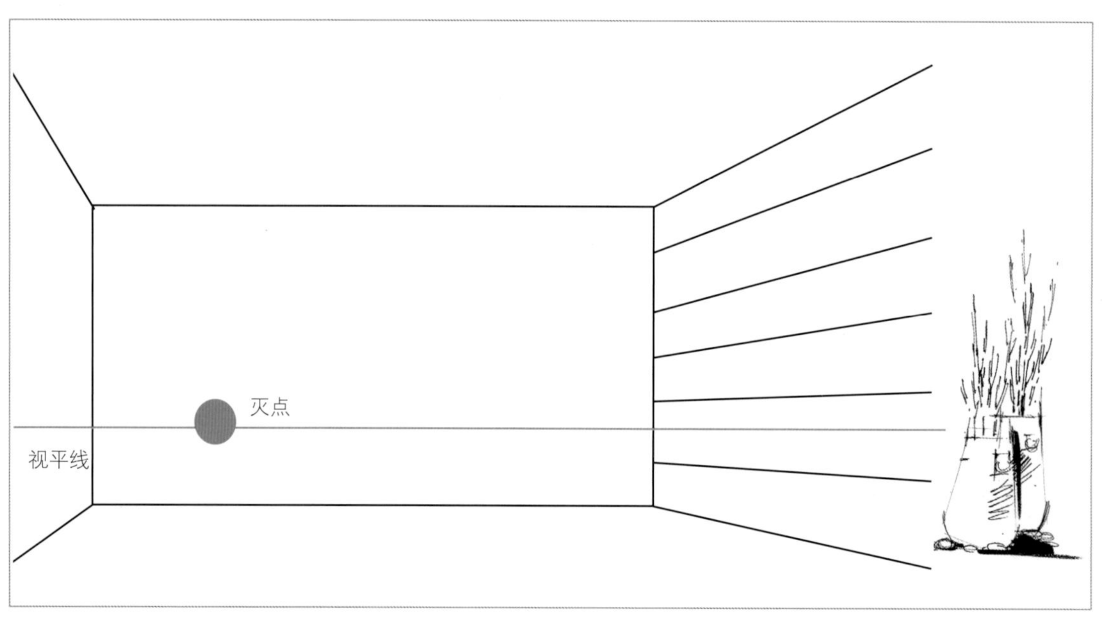

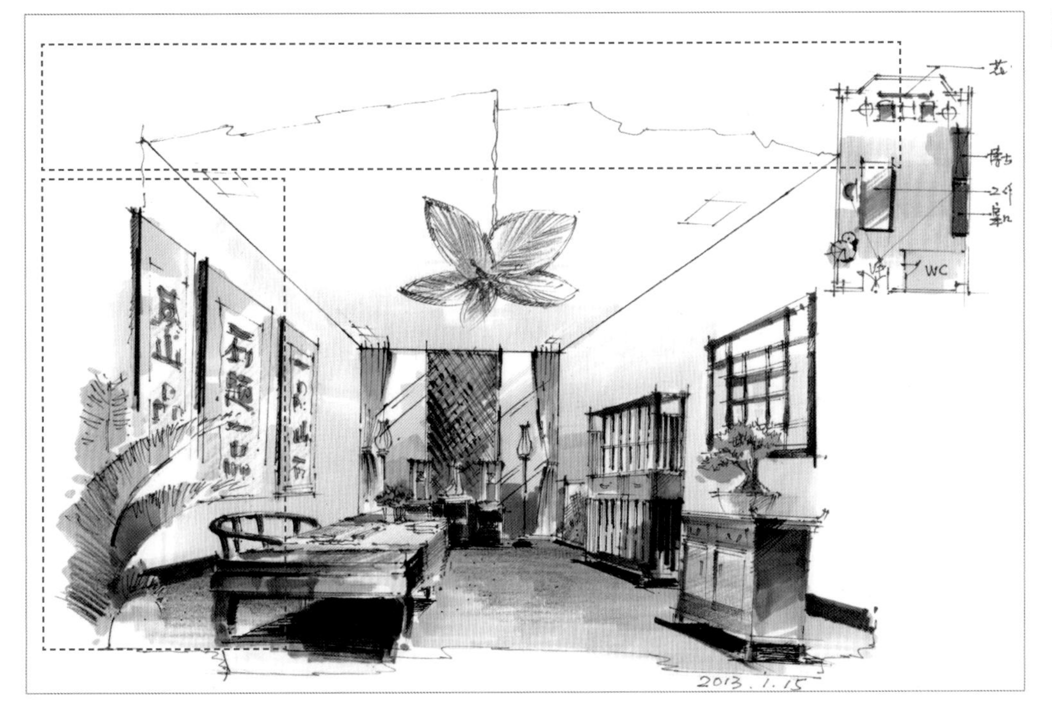

顶部使用了概括性的线条，用以“制造”一条边界，这样也能达到“收边”的作用，但要注意线条的形态，体现动感，与画面形成互动。

左边界放置了植物小品，巧妙地在画面左边做了很好的处理，同时绿色也为画面增色不少。

左侧的植物一方面让画面左边的“边界”显得不呆板而生动有趣，另外也与画面远处的植物形成了高低呼应，强调透视的同时也丰富了空间关系。

远景的一些植物很好地丰富了画面的层次。

5.2 画面整体的虚实处理

效果图是在二维的纸面上去表现三维的空间，空间的虚实关系尤为重要，如不加以重视，画面会缺乏重点，平淡无味，同时也显得失去原有空间的进深。

1. 主体实，客体虚

从画面的整体来看，每幅画都有表达的重点，即趣味中心。所以从画面虚实来看，画面的主角可以重点刻画，而周边不重要的部分可以相对简要略过，这样画面会更加有主有次。

此图表达的重点是前方的展示条幅及与展架的关系，这是画面最主要的部分，而周围的环境只是大概交代。

2013. 9.5

2. 中景实，前后景虚，左右景虚

这也是我们常见的一种方式，画面的视觉中心一般放在中景部分，前景和后景做弱化处理，用以强化进深感，突出主体对象，使画面更具表现力。

像图中这样环抱在树林中的建筑的表达，建筑作为主体处于中景部分，要做细致地处理，后面隐约的树林及前景的地面则尽量概括。

就如摄影时的中心对焦，虚化周边一样，这样处理效果图往往能够表达设计师想要传达的思维重点。

5.3 画面用线的处理

线稿是效果图表达的基石，一张好的线稿在整个效果图的表现中占据了很大的比重，建议在上色之前再次审视线稿，检查是否达到以下几个标准：第一，形体是否准确，有无透视问题；第二，画面中的明暗关系是否表现到位；第三，必要界面的材质质感及肌理是否已经刻画到位。做到以上 3 点，则可以进行下一阶段的上色了。

肌理

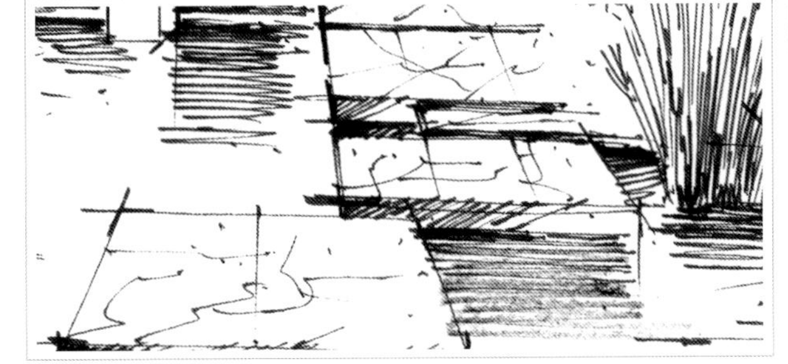

对于近处水中的汀步做细节的刻画，模仿其纹理，用相对轮廓较细的笔触稍作绘制。

明暗

根据形体的转折对明暗面进行处理是十分有必要的，各种线条形成的韵律也会为画面增色不少。

线条

画面用线的处理主要体现在 3 处：

- 线条的轻重处理；
- 徒手与尺规的结合；
- 特定质感的表达。

1. 线条的轻重处理

线条的轻重缓急都会呈现出不同的状态反映在画面上，掌握一些方法能够让你的画面更加丰富，表现力十足。重线条一般适用以下几种情况：（1）刻画的物体自身质量较大时；（2）在画面视觉中心较“实”的位置时；（3）需要重点刻画处理。

不同轻重的线条表现

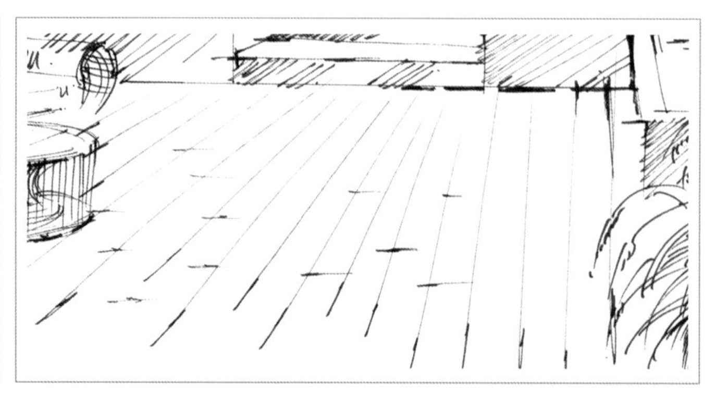

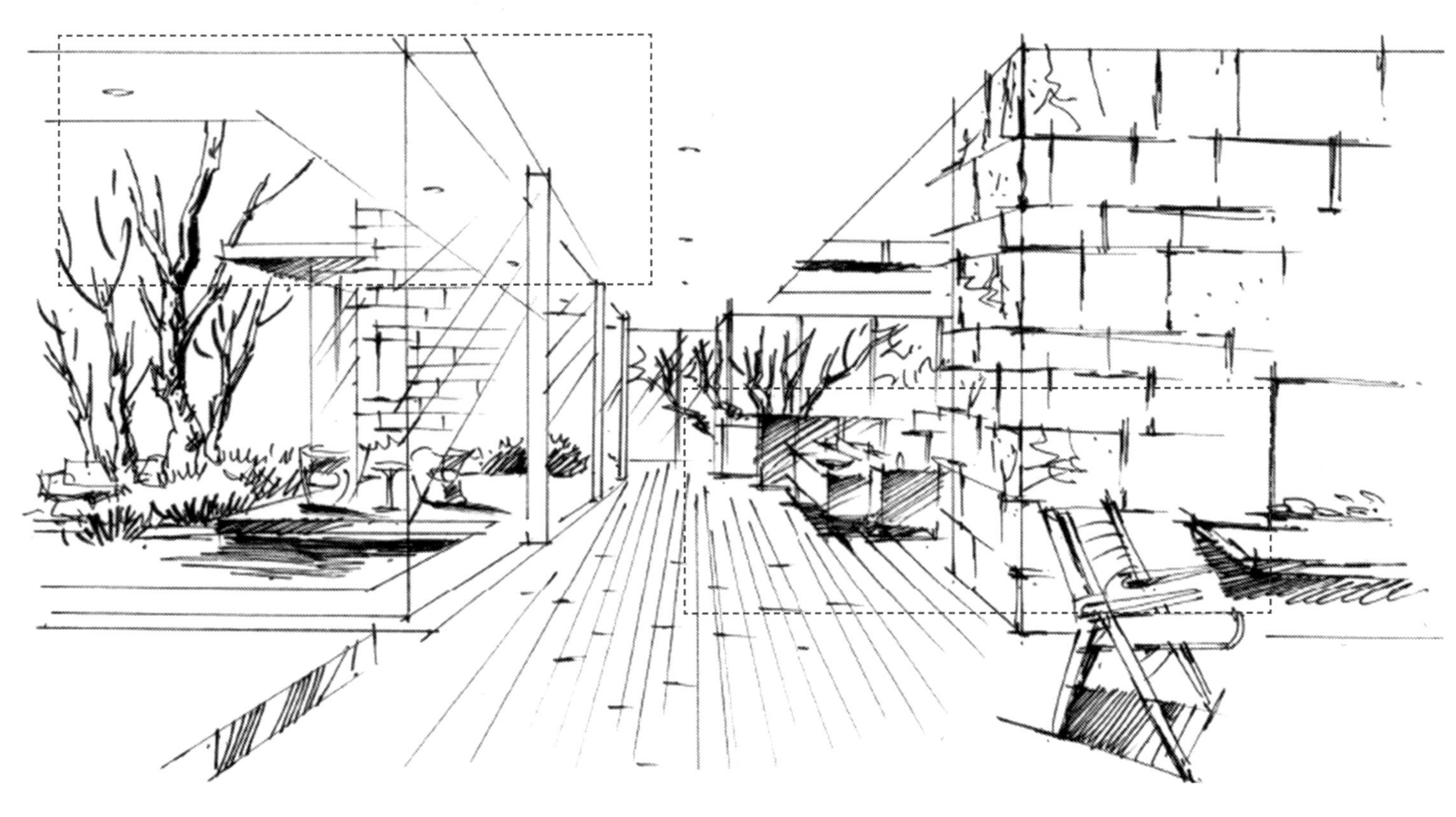

竖直线难以表达，所以借助尺规。

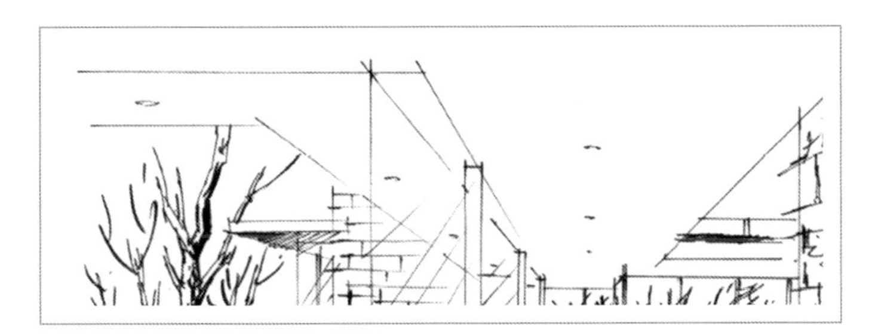

2. 徒手与尺规的结合

徒手画图与尺规作图各有各的特点：徒手线轻松随意，然而画长直线难免不产生失误；尺规准确严谨，却容易形成刻板的效果，作图速度也受影响。所以建议长线用尺规辅助，短线尽量用徒手处理，这样既减少了因画长线造成的失误，也有短线的活泼轻松，两者相得益彰。

徒手处理显得轻松活泼。

3. 特定质感的表达

在画面中对具有特殊质感的材质加以刻画能够使画面更具说服力，同时也能够为画面效果图添色不少。接下来对几种常见的质感举例说明。

（1）木纹

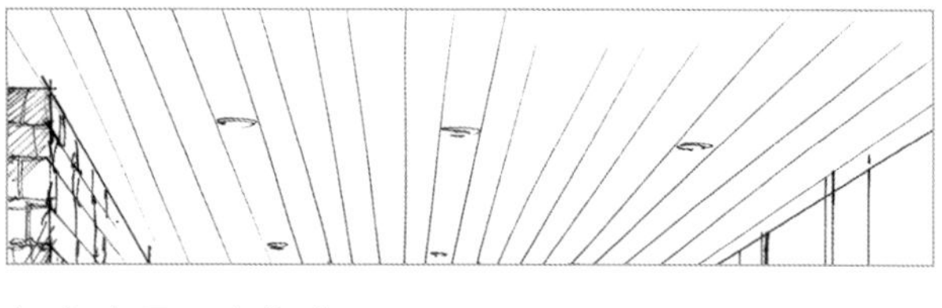

（2）大理石 文化砖

（3）玻璃

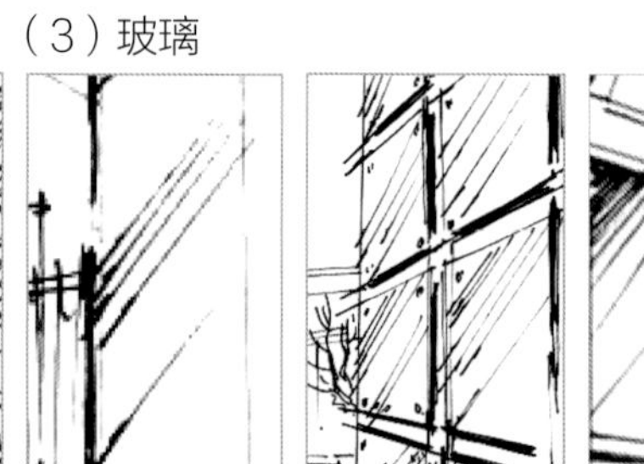

（4）水面

（5）草地

（6）地毯

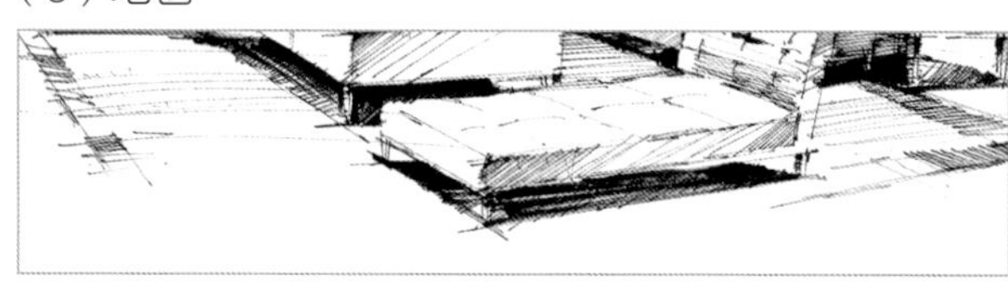
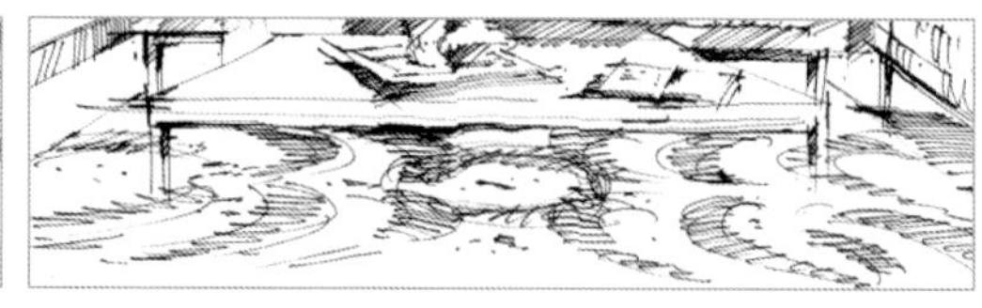

第6章

效果图的表现步骤与讲解

6.1 室内空间表现步骤与讲解

案例一

画面表达的是一处位于山腰间的现代风格别墅室内空间，选择了一些贴近自然的材料，如略带粗糙的文化石墙面、原木的天花吊顶、布艺沙发和地毯，营造出温暖的空间氛围，并与窗外的远景相映成趣。

步骤 1

这个案例选择了一点透视来表现，为的是更好地将原有空间的整体氛围传递给观者。在绘制前构思将画面的近景作为视觉中心，远处的山峦和树林作为背景，以达到相映成趣增加画面空间效果的作用。近处线稿用笔轻松勾勒出准确的形体，背后的远景则尽量概括，行笔较轻。在上色之前要将画面的明暗关系及特定材质的肌理交代清楚，这样会为接下来的上色增色不少。

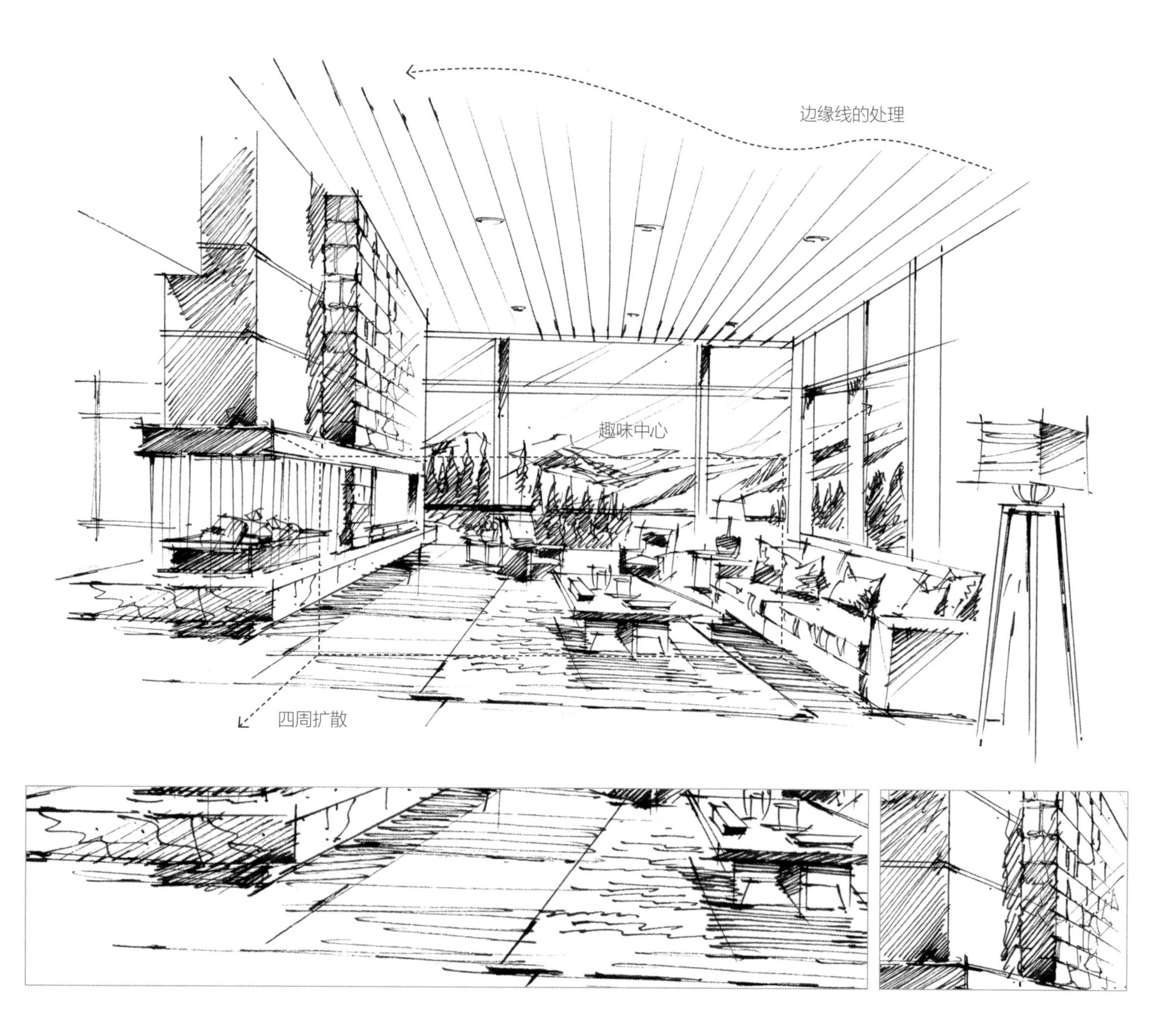

表达这样放射状的界面时要格外注意，要寻找到灭点并沿透视的方向用笔。

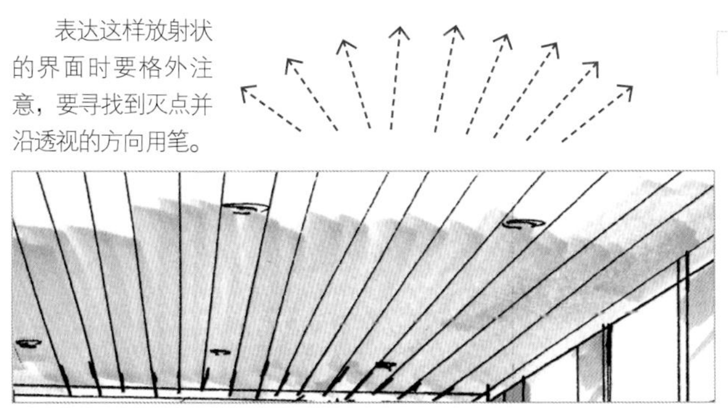

步骤 2

上色时首先围绕各个物体本身的固有色着色。先确定光源方向，从浅色开始，不用绘制得很满，适当留白，从而形成透气的画面效果，保持对画面的新鲜感和兴奋度，另外要注意行笔的方向。

步骤3

第一遍颜色干透后，开始第二遍上色，这一遍上色的主要目的是将画面明暗关系进一步拉开，并丰富上色的层次。具体从暗部开始，尽量按照前一遍的行笔方向，但注意不要将第一遍颜色完全盖掉，适当留白，以增加色彩层次。

材质表现：在处理地面材质时，主要处理好地面与物体的反射关系，运笔方向一般为垂直方向，这样更容易表现出材质的光滑感。

步骤4

在进一步刻画画面时，适时从局外人的角度来重新观察画面，有助于清醒地意识到画面的整体关系，待主要的色彩关系和明暗处理好后，就可以着手细节的刻画和调整画面整体关系了，这个阶段往往会使用到彩铅，注意排笔的方向以及运笔的轻重。

彩铅对各种材质的表现

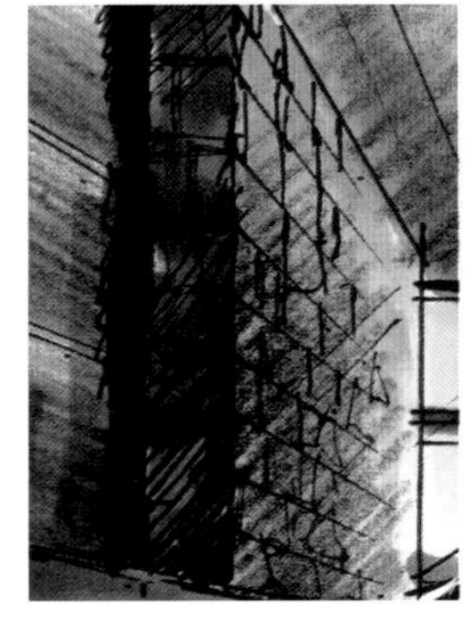

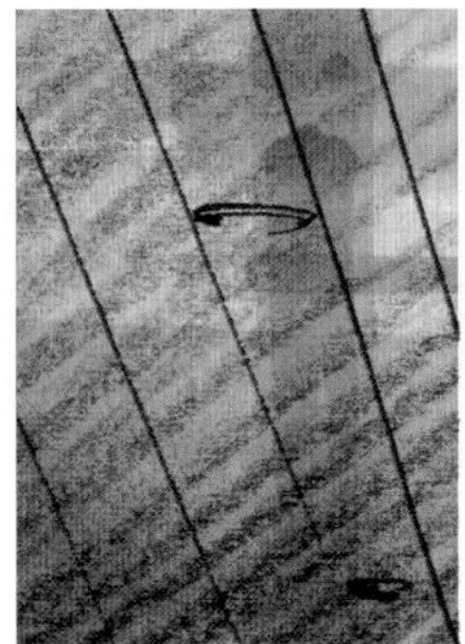

案例二

景致一流的别墅室内空间，大面积的落地玻璃使室外的景致一览无余，简洁的线条配以设计考究的家具，传递出现代与经典的融合。

步骤 1

这是一个别墅空间的设计表现，主体表现对象是室内，但室外也有很好的景致，综合考虑后确定让室外景观附属室内，升华整体氛围而又不喧宾夺主。画面室内外的虚实关系通过用笔力度及刻画的强度得以体现。

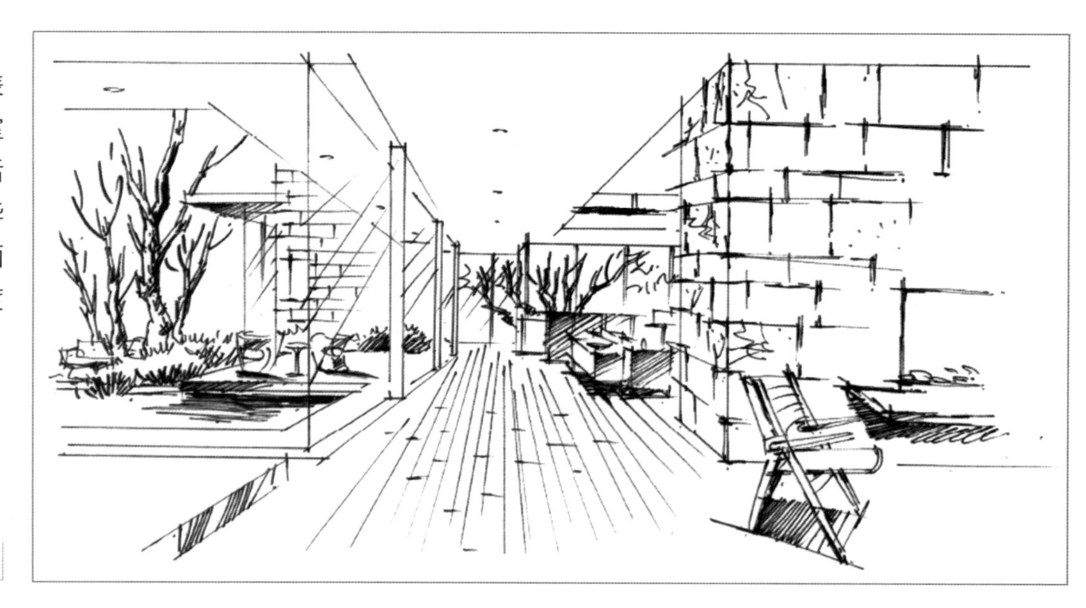

绘制地板时大体按照透视的角度通过用笔轻重交代虚实关系。

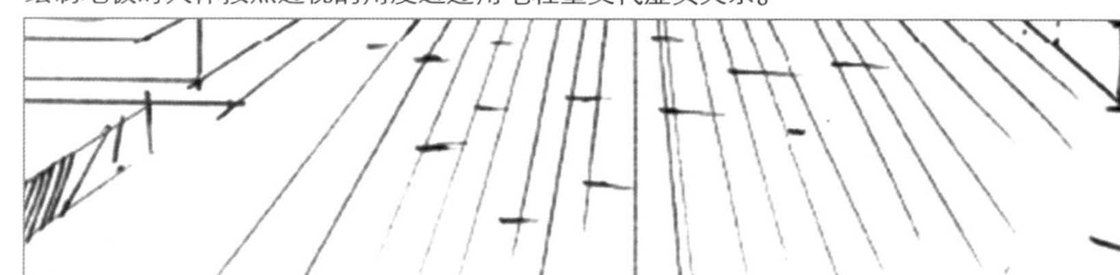

用稍作停顿的线条表达墙面的石材粗糙和不平整。

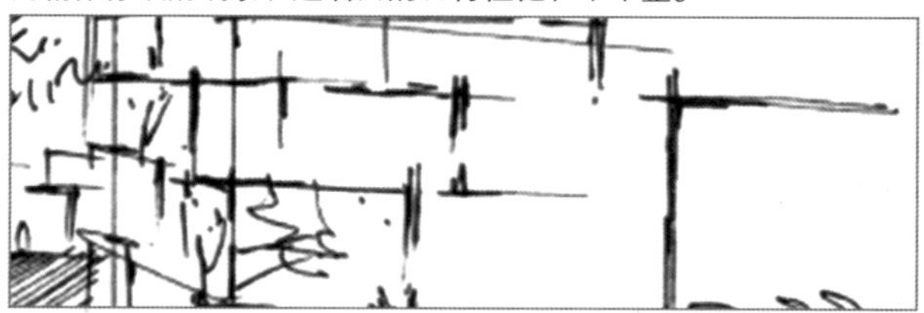

步骤 2

上色阶段为了绘图的效率通常会将画面中相似的颜色整体铺陈，这样可以比较直观地呈现出大致的效果。这里根据材质肌理的不同在用笔方面有所区别，增强了质感。

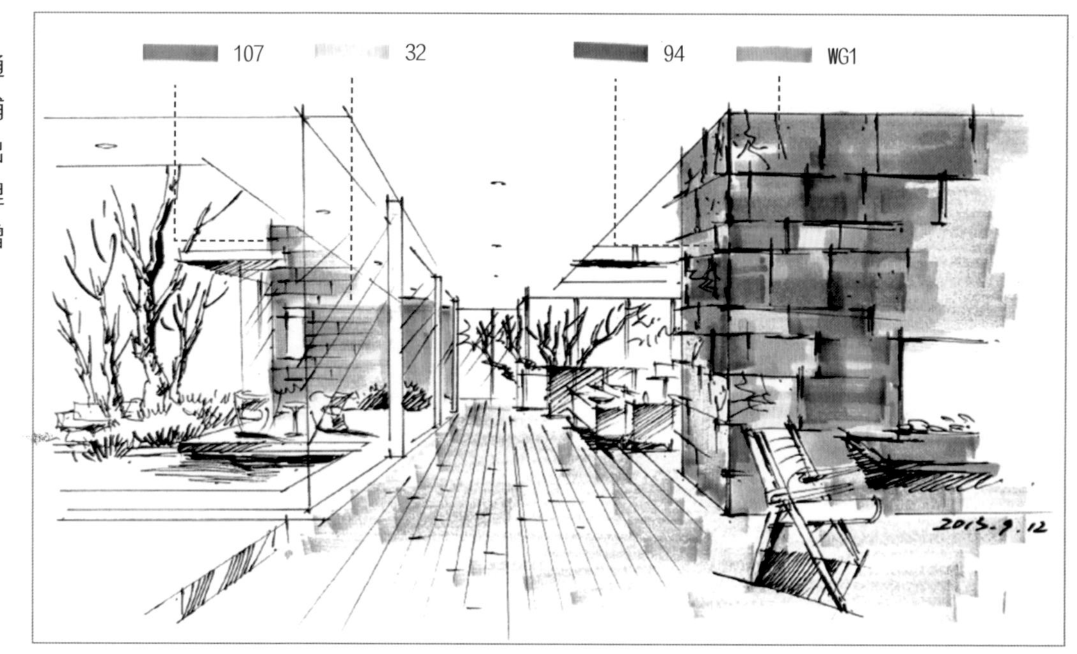

步骤 3

进一步铺陈各个物体的固有色，注意光源的方向，分清明暗面。这一步在交代室外的景观时有意选择了明度和饱和度较低的颜色，这样更利于从画面中“褪”去。

步骤 4

画面左侧的大幅玻璃立面是画面中的又一重点，怎样才能绘制出透过玻璃看到的室外景致，方法是从玻璃上部开始排笔，适当留白，直至有一层玻璃的浅蓝色，但要注意笔触，不能拖泥带水，另外景观的部分可以稍微偏灰色一些。最后调整大体的画面虚实关系，并用彩铅加入一些光源色和互补色。

6.2 景观空间表现步骤与讲解

案例一

精致得体的一处下沉小庭院空间，地面材质的铺装方式、植物的搭配、家具的选择，设计师的巧思处处可见。

2013.2.1

步骤 1

线稿一般从画面的趣味中心开始，此图便是以靠前面的一组家具组合作为整张图的出发点，注意，整张图要由视觉中心往周边进行扩散，如果希望画面能够体现空间感，那么可以将周边的物体慢慢按照近实远虚的方式去处理，使用较细的笔并概括地绘制是个好办法。例如，画面中的植物、鹅卵石、户外的地砖等有着不同肌理的材质，一定记得要用不同的笔触以及画法去表达，这样才会贴近真实的场景，画面也会更丰富。

植物虽然有很多种类，但想要表达好需要注意以下两点。

（1）要按照植物的生长方式和规律去用笔，如越接近根部越粗，越远离根部分支越多等。

（2）要用随意轻松的线条。

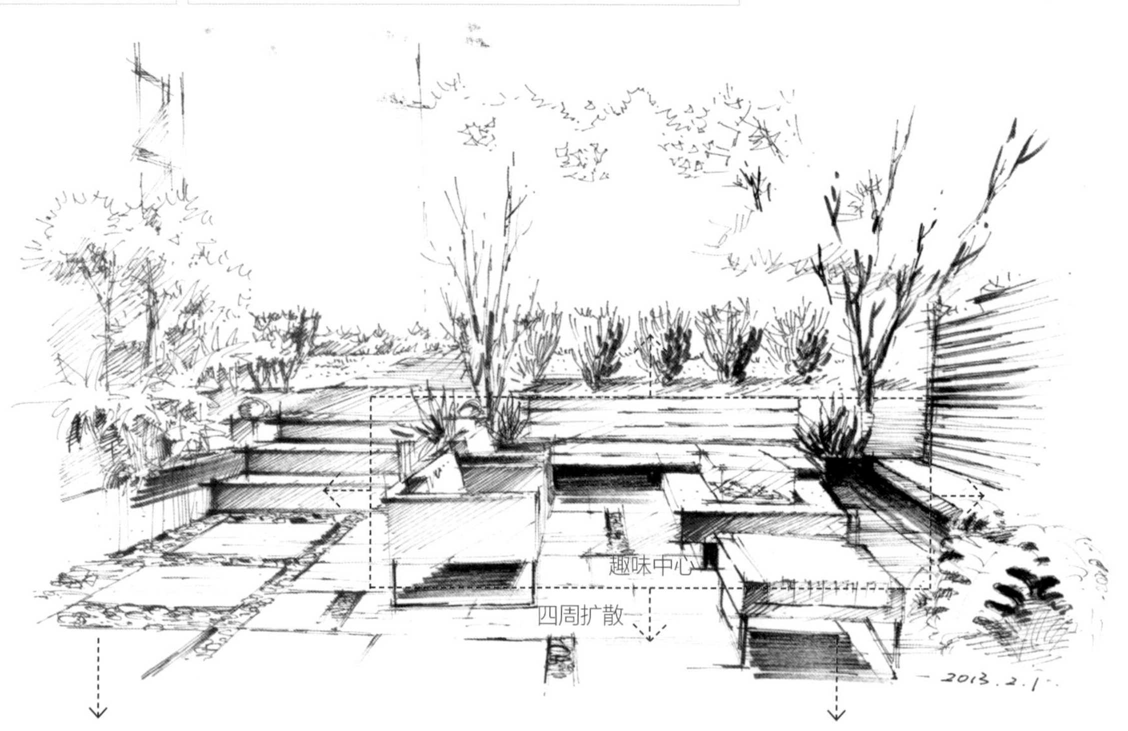

鹅卵石的刻画要注意疏密的搭配以及轻松随意的笔触。

户外的地砖材质大多表面不是很光滑，所以注意用一些粗细不一的线条做相应材质的刻画，另外也可以加上一些点，这样就更加真实了。

步骤 2

上色建议从画面中最感兴趣的颜色开始，或者说画面中最令人心动的颜色，这样可以更好地调动你的创作欲望，为整张图打下好的基础。这张图便是从大面积的木质桌椅开始的。

步骤 3

进一步铺陈固有色，由于整张画面色调偏暖，所以在选择颜色时都会倾向偏暖一点，地面地砖的颜色选择浅一点的冷灰色，注意马克笔的笔触，一定要按照透视线的方向来排笔。

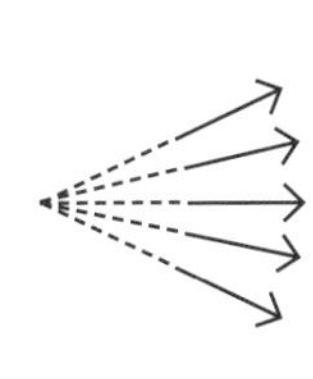

步骤 4

对画面中明暗关系的刻画，院子中右边的这棵树是画面中的亮点，所以挑选了大胆的颜色。注意画树这类软性一点儿的材质时，笔触是很不一样的，要用出水多一些的笔，另外用“蹭”的笔触。对于地面的处理加入了一些环境色，这样使得地面更加真实，另外画面也更加丰富。这一步大家注意看看右下角加入的重色，别小看这些重色，它使画面的层次进一步拉开。

当绘制“植物”时，使用“扫笔”的方式会更加适合。窍门在于：（1）不需要抬笔而是按照一定的方向来回运笔；（2）想要形成水彩较为融合的效果，就一定要在第一遍颜色干之前上第二遍颜色，让两者之间能够相互融合。

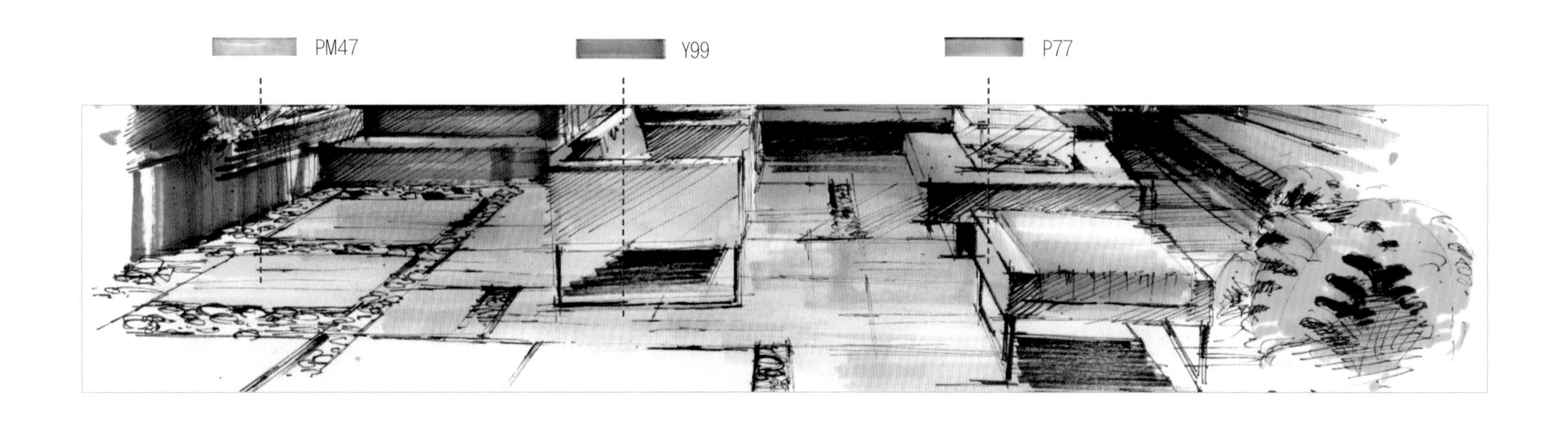

利用彩铅向画面外围渐渐削弱，达到过渡的效果。

稍远一点的植物用彩铅稍加绘制达到褪去的效果。

在原有主色调黄色的基础上稍加些紫色的彩铅，互补色相互作用增加吸引力。

步骤 5

画面最后的收尾调整阶段，一是将画面整体关系进行调整，二是将画面中需要特别刻画的物体进行重点刻画。工具主要使用彩铅。

画面细节

案例二

住宅的户外庭院景观，围绕住宅展开一系列景观空间的营造，除了精致得体的景观小品外，还有着丰富的植物种类，既能围合出私密空间，同时远景又能渗透到庭院之中。

步骤 1

在线稿的刻画阶段，注意各种植物的刻画和描绘，笔法尽量轻松，近处可以根据画面节奏挑选部分稍作细微刻画，远处便不需要勾画太多。另外在画面的一些暗部可通过排线加以概括整理，交代整体明暗关系。

步骤 2

初学者上色前可能因为担心没有经验而失去对画面的控制力，事实上在上色初期也可以挑选一些稍浅的颜色进行试探，整体小面积浅色的铺陈后可以观察画面的效果，颜色艳丽的可以用灰色压一压，明暗浅了的也可以用深色再加强，这样下一步的工作就更加有针对性。此幅图如何呈现丰富的植物景色是画面的重点，所以除了一些绿色的使用外也尝试了一些紫红色和暖黄色。

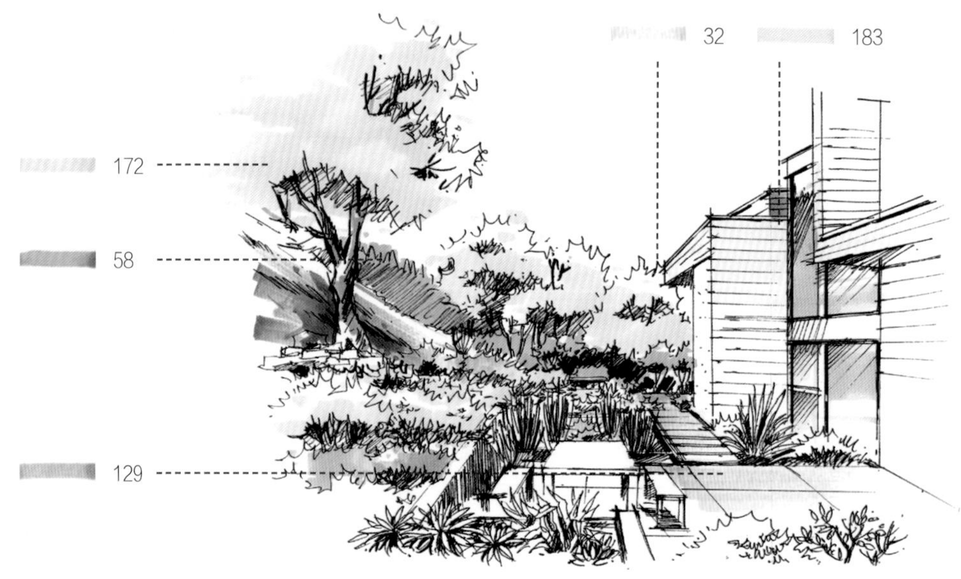

107
94
54
51

步骤 3

开始有针对性地进行调整刻画。

在表现不同质感的材质时，用笔是完全不一样的。如表达植物时，由于质感偏软，所以多用扫笔或点笔，用以诠释蓬松的效果；而表达建筑的防腐木质表皮时，用笔一定是肯定并快速的，这样就能形成坚固硬挺的状态。

172
58

步骤 4

考虑到上一步前后的关系并未拉开，所以将远处的植物用偏灰的颜色做了处理，逐渐向后褪去，以强化景深。最后用彩铅丰富画面的细节，尤其要注意用笔的方向，尽量朝一个方向形成协调整体的画面效果。

107
94

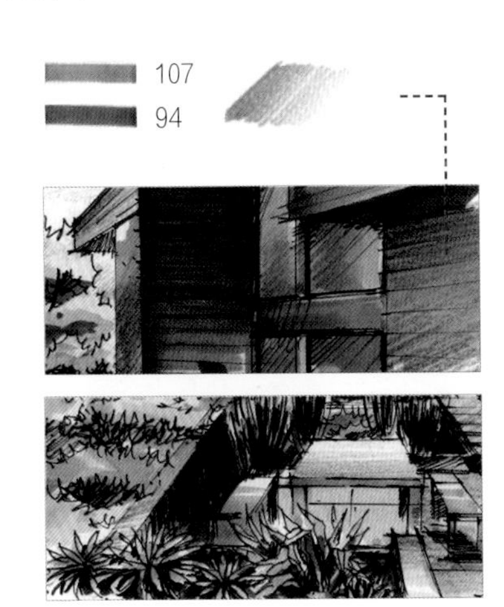

6.3 建筑空间表现步骤与讲解

案例一

建筑单体简洁的线条、考究的横纵比例关系、巧妙的排列共同形成了强而有力的视觉效果，而隐框透明玻璃幕墙则提供了单纯的形式及无障碍的视线。

局部细节

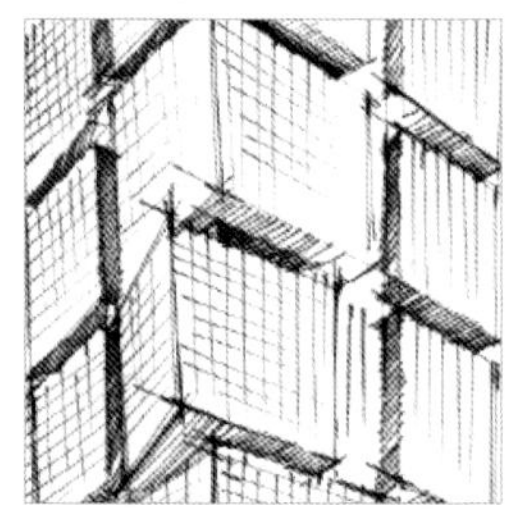

步骤 1

构图时视平线尽量放低，以压低地面从而凸显主体，注意构图的疏密，靠近底部处理得密一些，往两端逐渐放松，用线肯定轻松，按照光线的来源表现明暗，玻璃幕墙的细节进行概括处理。

方法介绍

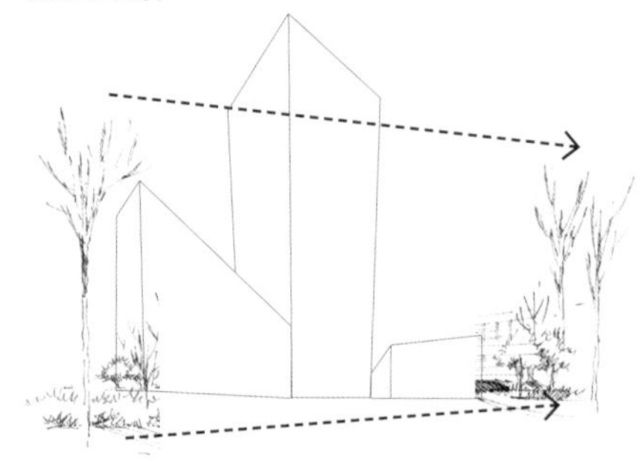

在两点透视的空间里确定建筑的总体走向。

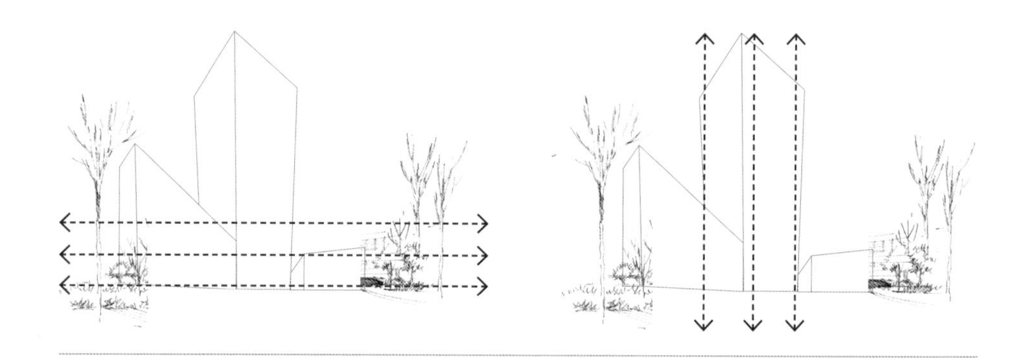

绘制单体建筑时，注意用横向的线条或物体来构图，在视觉上凸显纵向线条向上的延伸，形成主体建筑雄伟高大的效果。

步骤 2

根据受光的方向从暗部开始着色，结合玻璃幕墙的特点用肯定有力的线条刻画，注意分清画面的主次，对于周边的一些环境尽量用放松概括的手法处理。

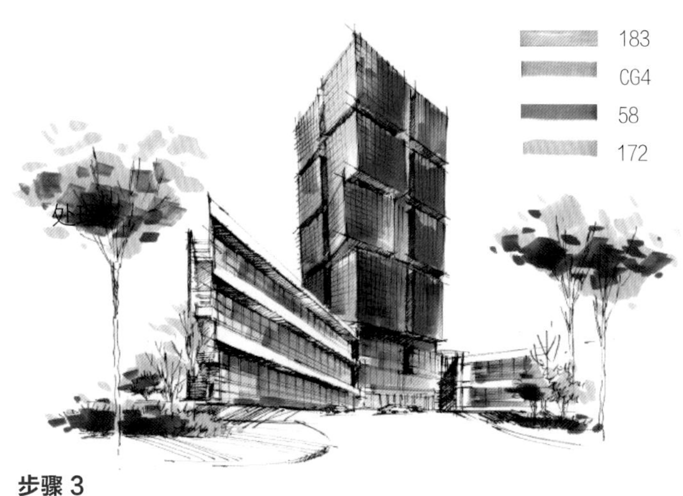

步骤 3

由于建筑主体风格是现代风格，所以选用冷色调为画面主调，在第一遍基底的颜色铺陈以后，开始用一些冷色渲染暗部，注意在建筑面与面的转折处留白，以强调建筑的体块。

步骤 4

待画面大体关系确定以后，开始着手丰富画面细节以及增加画面张力，建筑顶部添加暖黄色的光源色，和建筑底部的蓝紫色形成互补色，往往这两种颜色适度的搭配会让画面生动有趣，使用彩铅独有的笔触绘制天空，横向的云纹进一步凸显了高耸的建筑。

案例二

本方案通过单纯实用的布局，空间的渗透与转换，简洁的造型语言配以中性的色彩，很好地将设计与周边环境融合在一起，极具功能主义的特征。

2013.2.15

步骤 1

这个案例选用一点透视来表现，为的是尽可能地展现空间的整体效果，在确定画面中心后利用尺规快速搭建框架，主体建筑用笔硬朗、肯定，配景小品则尽量放松，形体确定后务必交代明暗关系。

细节材质的处理

利用一些快干枯的笔表达粗糙不平的质感。

藤球的刻画尽量放松，观察规律概括表达。

建筑的表皮可以加些“点”丰富效果。

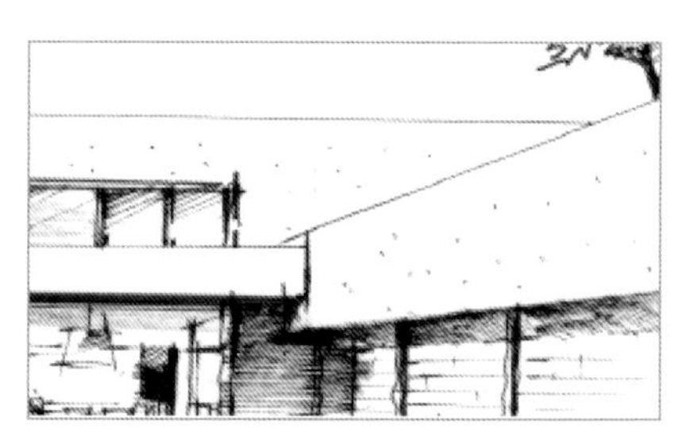

步骤 2

从画面中最能激发绘制兴趣的部分——天空开始，在观察到效果还不错时，为了作图的效率顺带将泳池中近似的颜色进行一遍处理，注意绘制天空和水面时的笔触和留白处理。

183

步骤 3

固有色的铺陈逐渐扩展到画面各个部分，由于画面呈暖色调，所以选择颜色时要有明确的倾向性，稍偏暖的颜色最终会让画面更加协调统一。

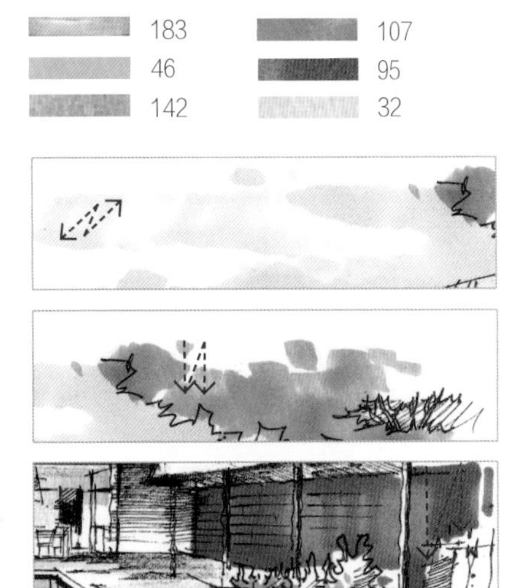

步骤 4

在第一遍颜色的基础上进一步丰富各个面的颜色，着手前可以观察一下画面的整体效果，对接下来的工作做到心中有数，有的放矢。依然可以从开始着色的地方着手，这样上色的顺序会更加明确，注意颜色的选择，基本是前一遍颜色的深一号。

图中的云纹和植物都用到了“扫笔”这种笔触。窍门在于:（1）不需要抬笔而是按照一定的方向来回运笔;（2）想要形成水彩一边较为融合的效果，就一定要在第一遍颜色干之前使用第二遍颜色，让两者之间能够相互融合。

步骤 5

调整画面的整体效果，在面对较大的场景及多种刻画对象时，对整张画面的宏观掌控能力就显得尤为重要，此阶段不妨开始思考设计要表达的重点是什么，构图时趣味中心又在哪里，明确后进行有针对性地加强和弱化处理。

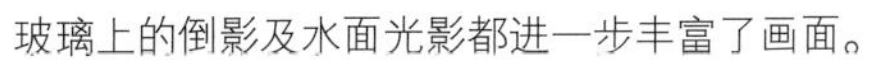
玻璃上的倒影及水面光影都进一步丰富了画面。

6.4 作品赏析

1. 室内设计手绘作品欣赏

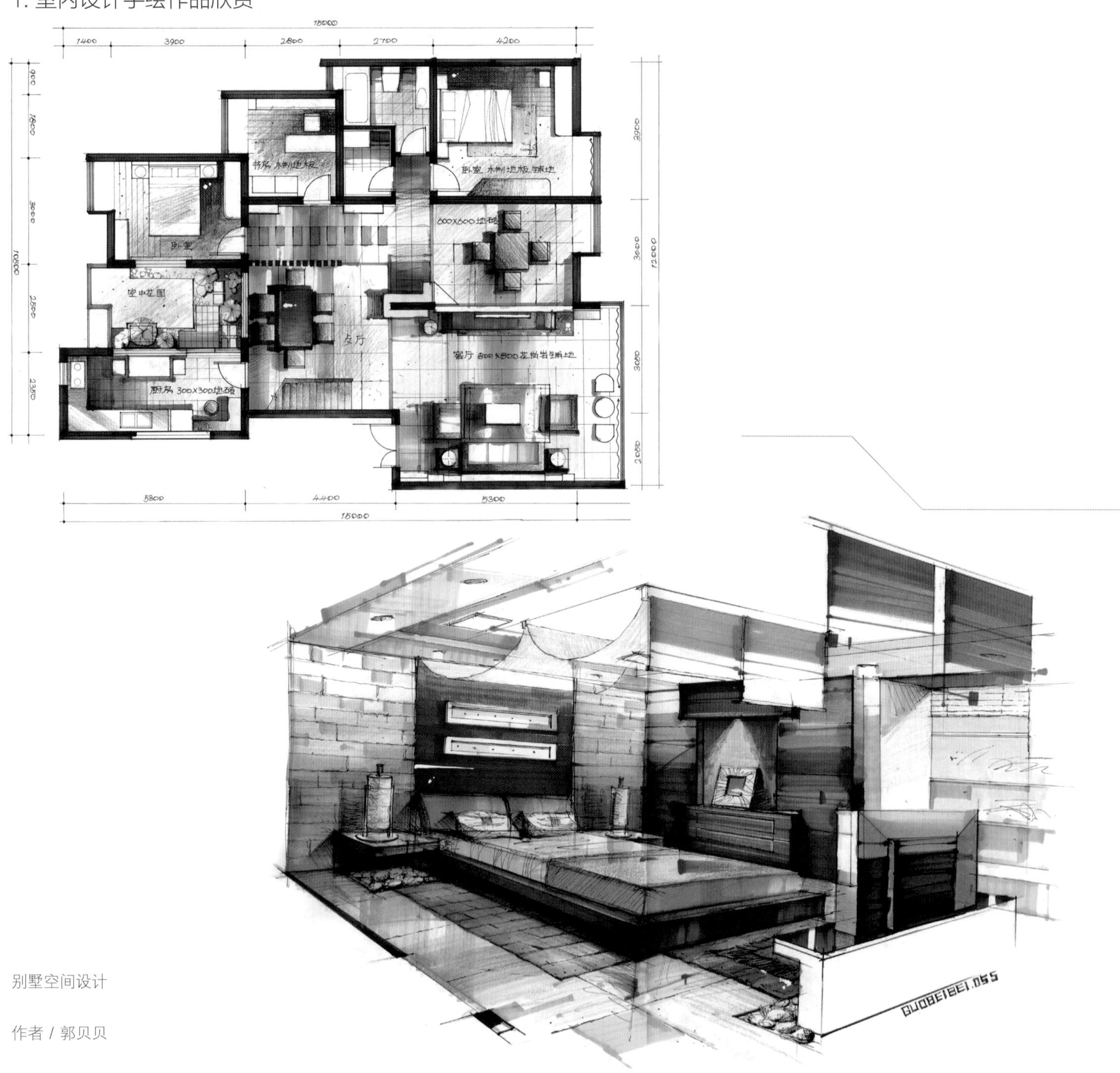

别墅空间设计

作者 / 郭贝贝

作者 / 郭贝贝

设计师往往要掌握这样的一个本领，就是动笔之前明确自己这张图要表达的最主要的作用是什么，进而决定要完成到什么阶段，这幅表现图便是短时间内勾画，只是为了内部沟通交流使用，不拘泥于细节，快速地传达设计意图和家庭温馨怡人的空间氛围。

2013.

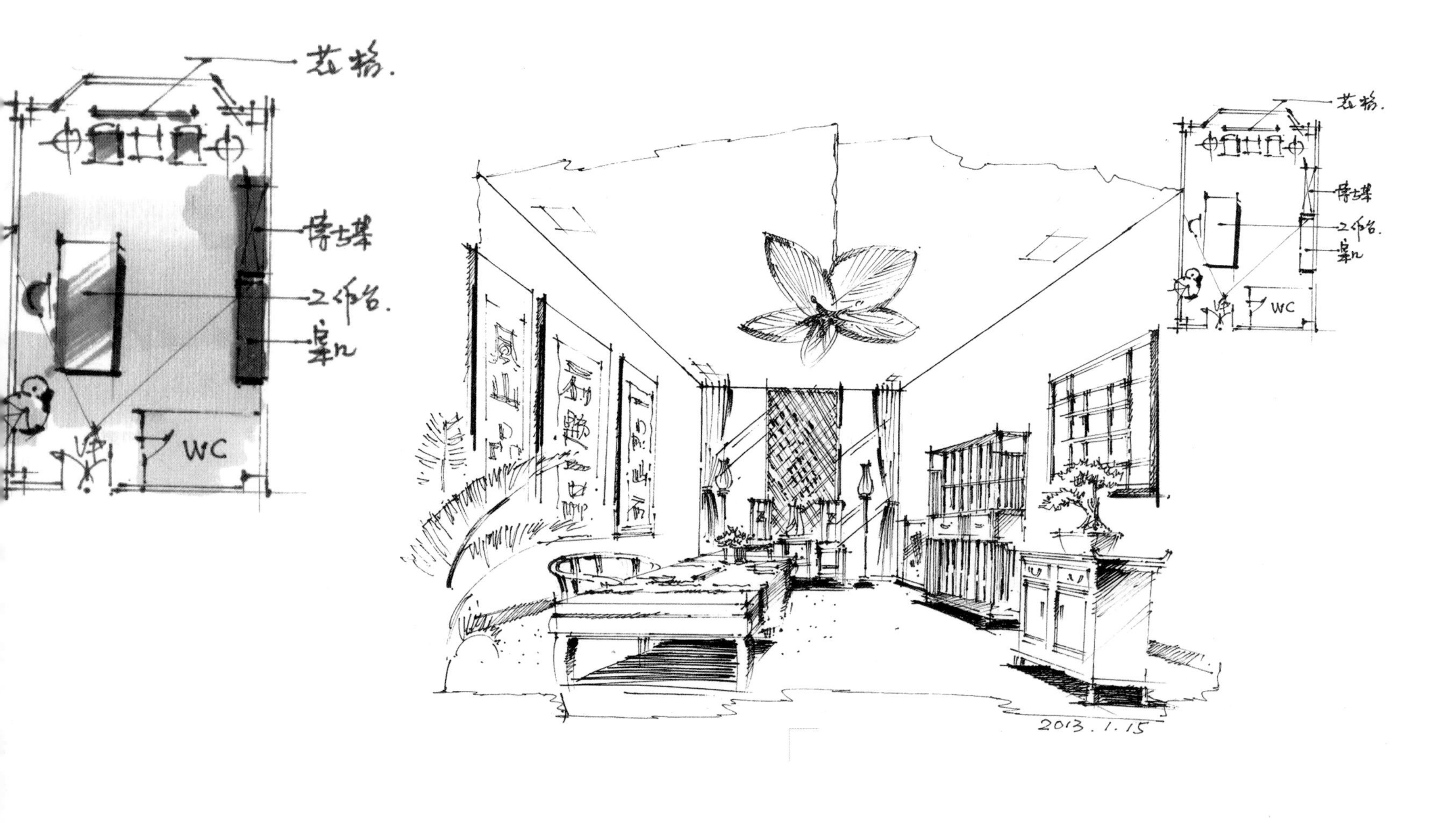
花格.
博古架
工作台.
桌几
WC
2013.1.15

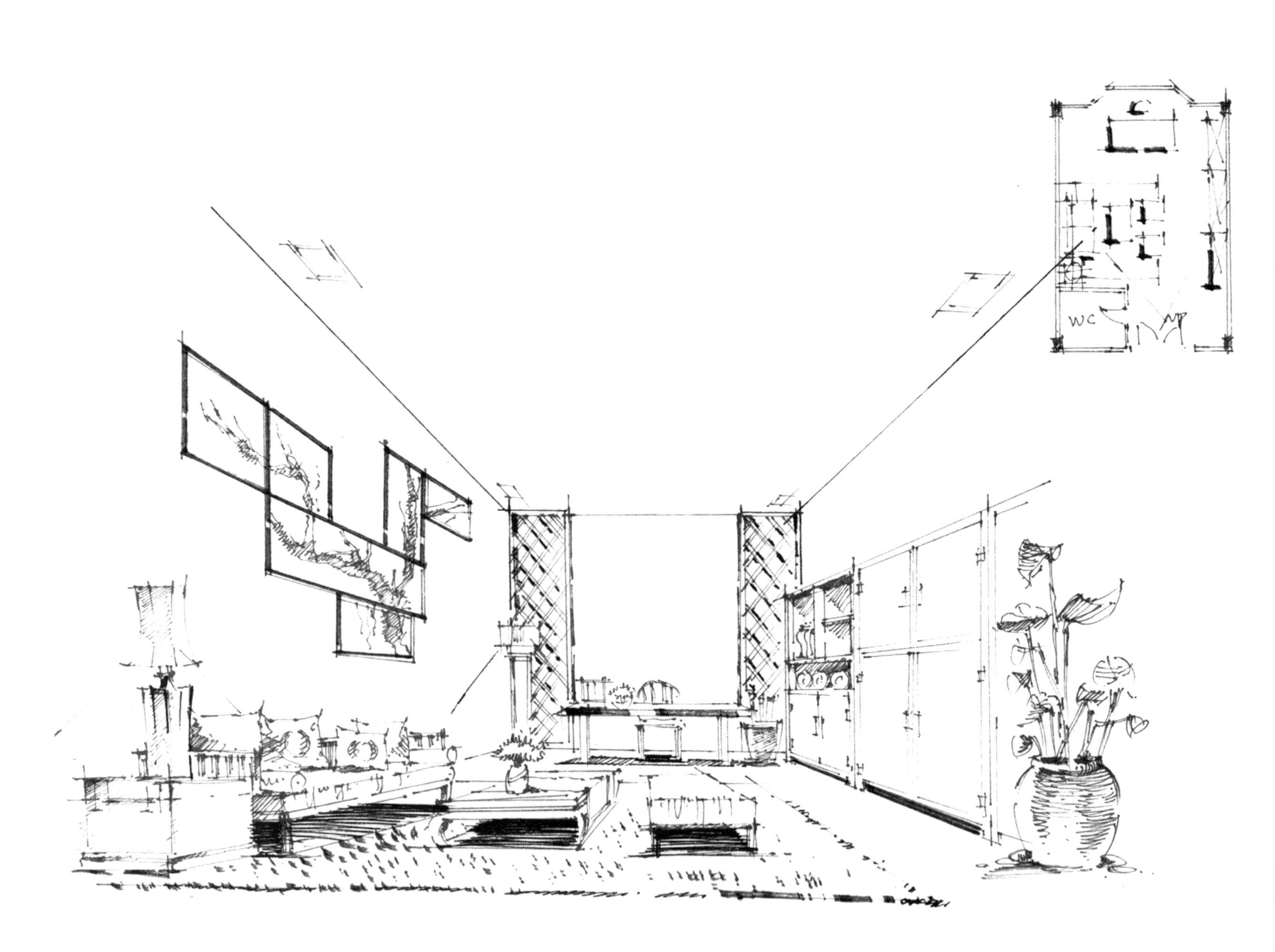
WC

本方案为艺术创作基地的书画工作室，中式风格空间融合了沉稳含蓄与庄重优雅的双重气质，中式的书案、书柜、案几、屏风、盆景，营造出文化内涵丰富的国画创作空间。画法上中式空间要注意把握画面整体的色调，并适当留白，对于一些木质家具的表现，注意用干练肯定的线条。

2013. 9.5

当设计方向基本确定后，我们来进一步推敲方案，这时可以在原有草图的基础上快速地勾画出整体的空间，以便重新审视设计，为细节的深入提供参照。

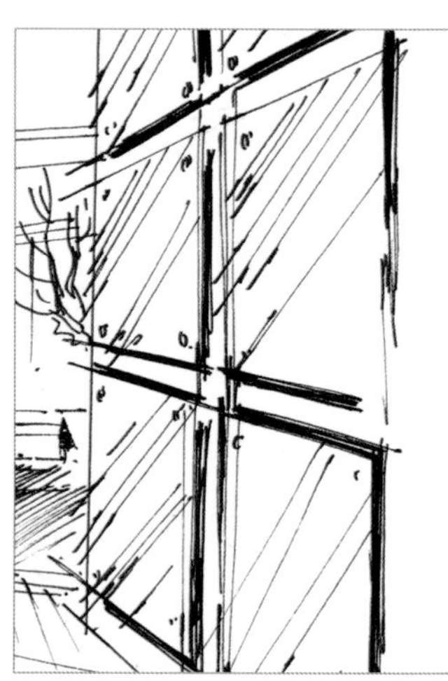

类似这样充满光感的大理石地面我们经常会遇到，需要先用浅色的马克笔垂直排线，平直快速的用笔，但要注意疏密的节奏，待完全干透后，用深一号的笔沿同样的方向用笔，如果画面中有物体的倒影则从这里开始，注意不要完全覆盖第一层，待干后加以光源色或环境色的彩铅。

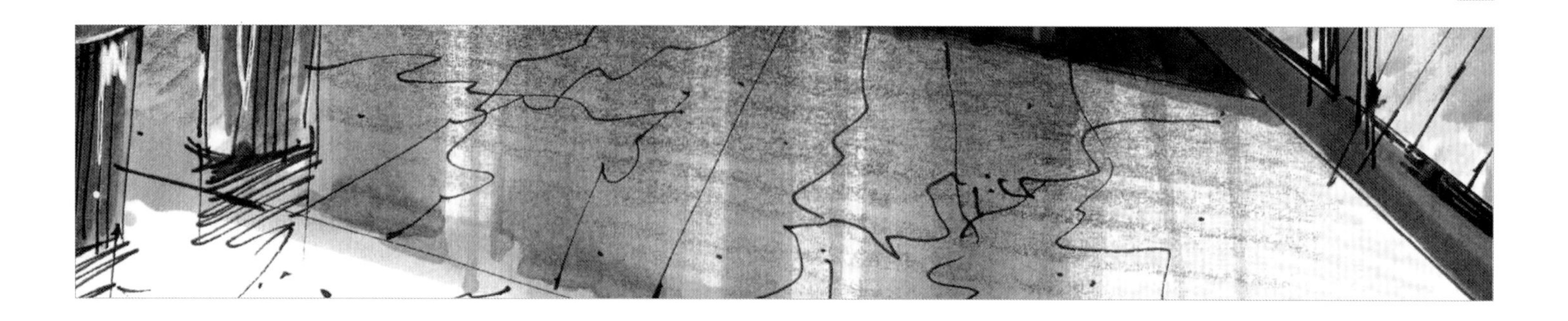

当表达材质及色彩都很丰富的空间时，注意要有重色的协调。黑色或重色的出现往往会降低周围颜色的饱和度，所以一些原本很跳跃的颜色也会变得不那么刺眼，但对于饱和度高的颜色的选择还是要格外留意，可以适度选择用彩铅来表达。

彩铅为主的画面往往会具有独特的视觉效果，彩铅有特殊的肌理质感，会传递出轻松细腻的画面感受，但要留意排笔方向的统一性。

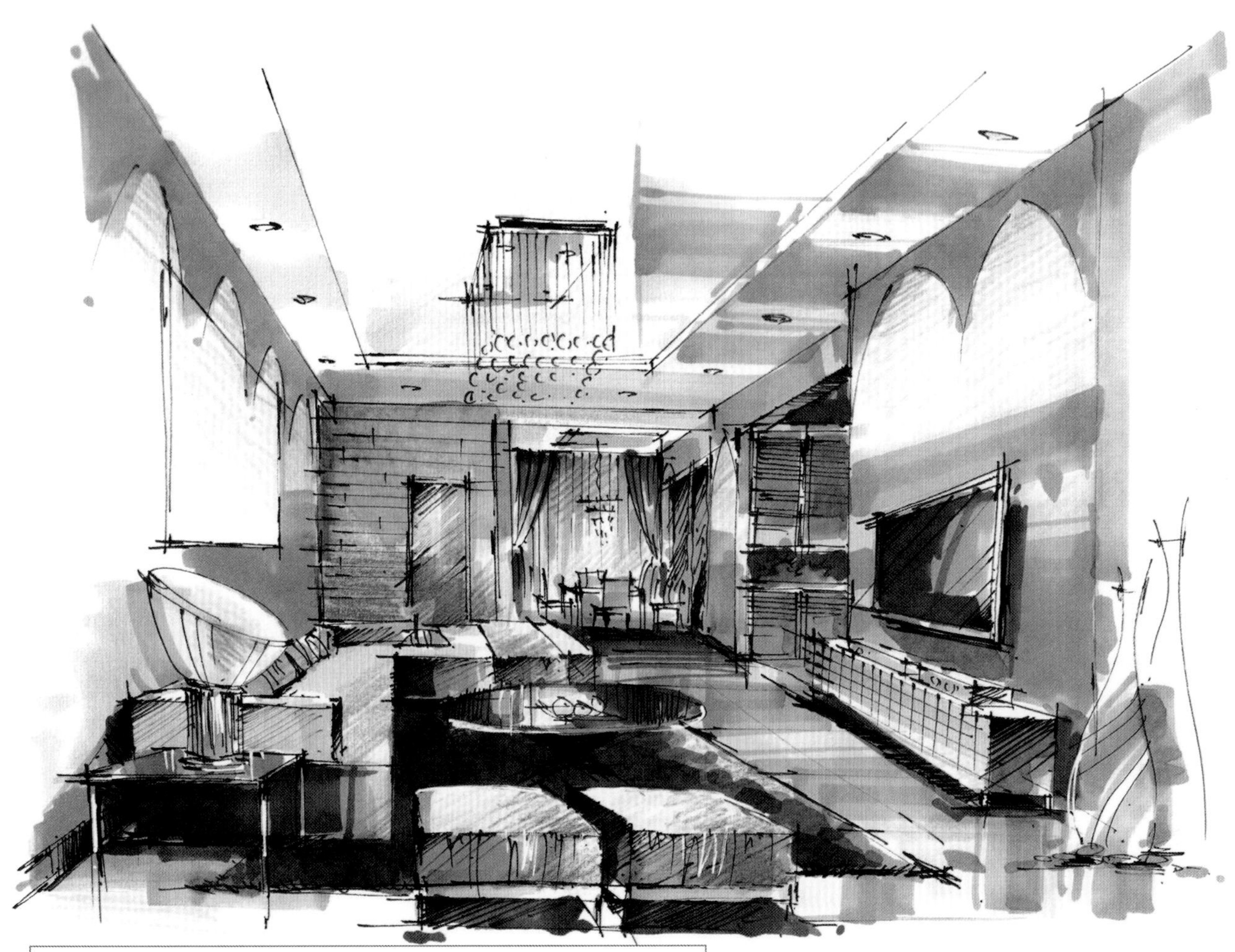

光感较强的室内空间要注意将空间的整体氛围自始至终把握好，在明确冷暖色调的基础上，用中黄色的彩铅来调节画面整体的光感。

作者 / 陈骥乐、贾雨佳

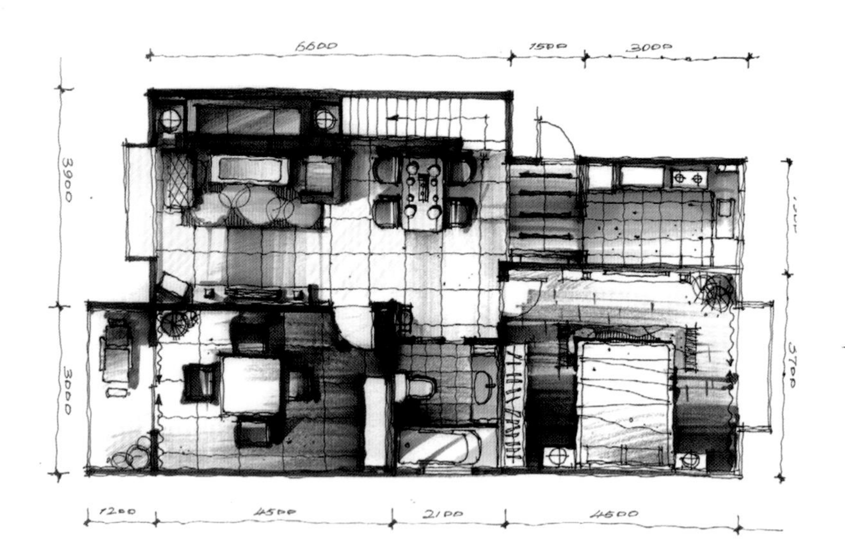

作者 / 郭贝贝

作者 / 郭贝贝

画给团队的手绘图也许不像画给自己即兴发挥的草图一般生动，因为会尽量避免模棱两可或者表意不明的地方，类似材质、结构、细节都会更加周全，不会让通晓绘图惯例的同行产生误解。

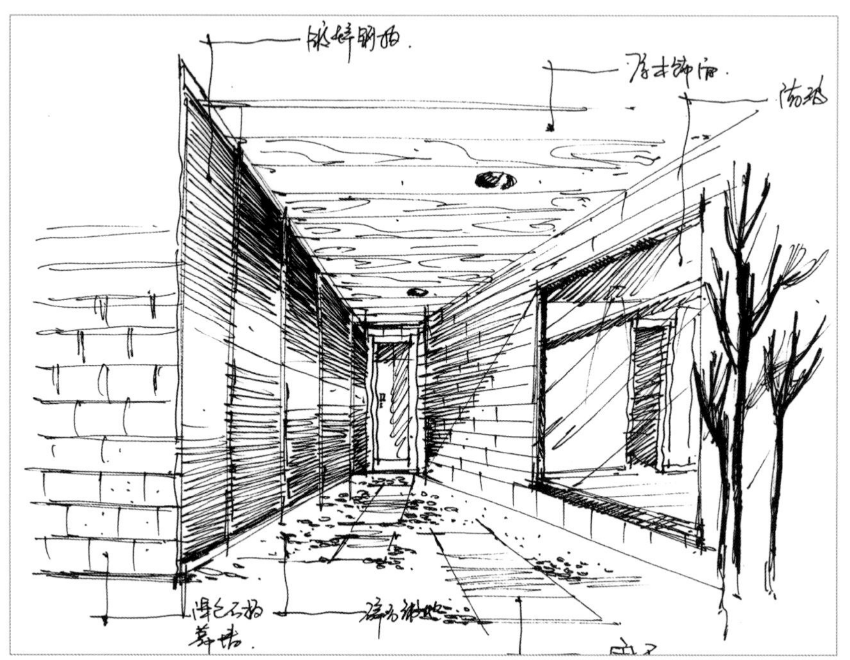

2. 景观设计手绘作品欣赏

彩铅细腻的笔触以及丰富的排笔方式都会为画面带来不同的视觉体验，温润的渐变以及细节的刻画都值得细细品味，局部结合马克笔会让画面的虚实关系进一步增强。

远、近景的处理要有所区分，近景的刻画细节可以稍多，远景为了褪去稍加概括即可。

作者 / 陈骥乐、贾雨佳

廊架在光线的照射下呈现出独有的光影效果，与水景和自然植物的融合越发迷人，在用马克笔将光滑界面表现完成后，顺应光线角度的彩铅的刻画，使得画面亲切细腻。

局部细节

2013.8.29

随性轻松的笔法，不拘小节的风格，给观者传递的是自然惬意的画面效果，大幅抖线的应用为画面增色不少，另外，画面下半部分的建筑景观与上半部分的植物对比强烈，疏密有致。

上有爬满了绿色的廊架，周围被植物环抱，配以舒适的沙发与帷幔，使画面充满了浓郁的自然主义色彩。

局部细节

一棵让人过目不忘的大树决定了这个空间的特质，在认真观察好它的生长走势后适当地刻画了出来。接下来的户外家具围绕它来展开，类似这样进深较大的空间要明确主角与配角的关系，近处的景观小品用准确简要的线条稍加勾勒即可。

在上色前要对画面最终完成的状态有所思考，绘制过程虽不长，但对于初学者而言容易忘记初衷而南辕北辙，对成图有个预想后能够让你在绘制时心中有数。画面上色时选择了蓝、绿二色作为画面的主色调，配以一些中性的灰色作为调和色和基底色，选用的颜色虽然不多，但不同色阶的色彩以及变化的笔触很大程度上丰富了画面效果。

2013. 8.28

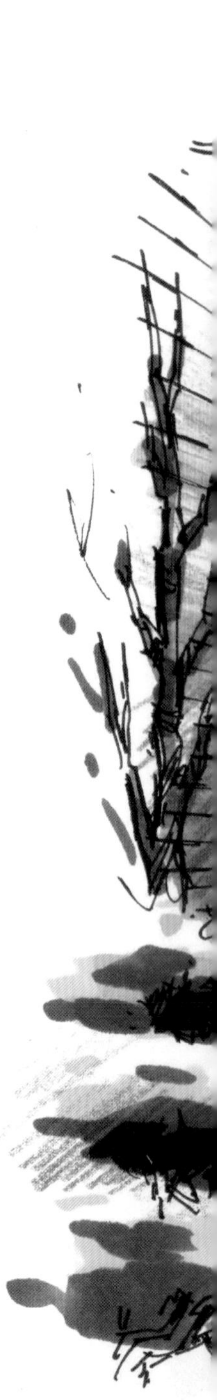

作者 / 陈骥乐、贾雨佳

2013.9.3

别墅空间的庭院景观方案设计，高低错落、色彩丰富的植物，得体精致的水景，赋予空间迷人的魅力，当要表达一些颜色较鲜亮的植物时，必须对画面的整体效果有一个统筹的考虑，用哪种颜色，彩铅还是马克笔，用多少颜色，都需要谨慎，不然容易造成画面不协调。

2012.8.27

2012.8.27

作者 / 陈骥乐、贾雨佳

作者 / 贾雨佳

作者 / 钱星海

作者 / 钱星海

作者 / 贾雨佳

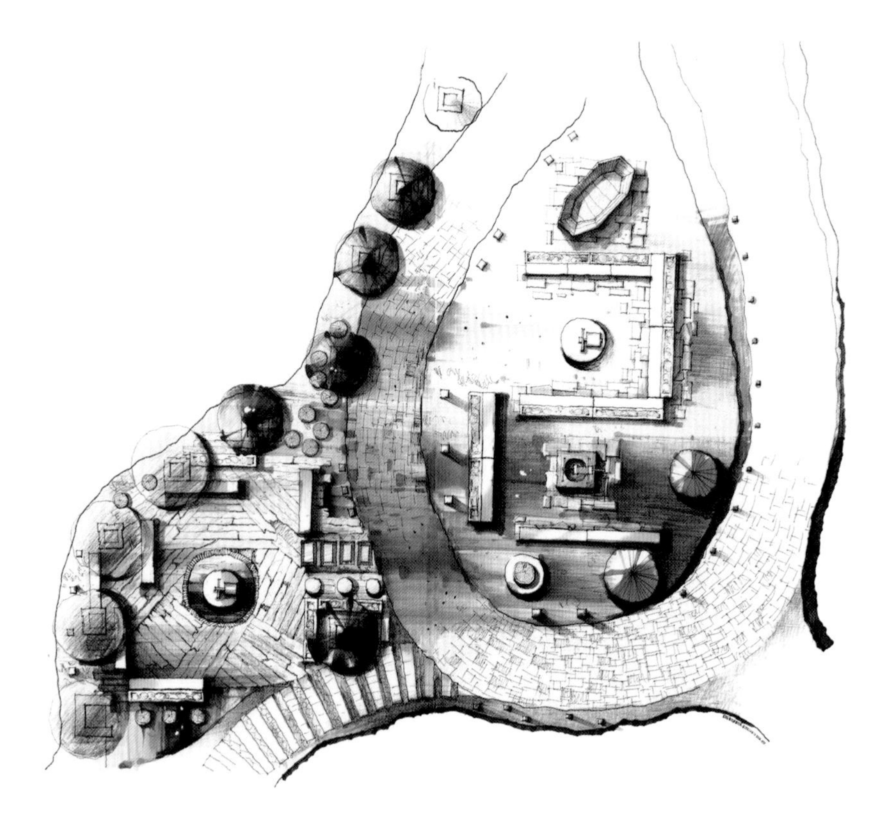

作者 / 郭贝贝

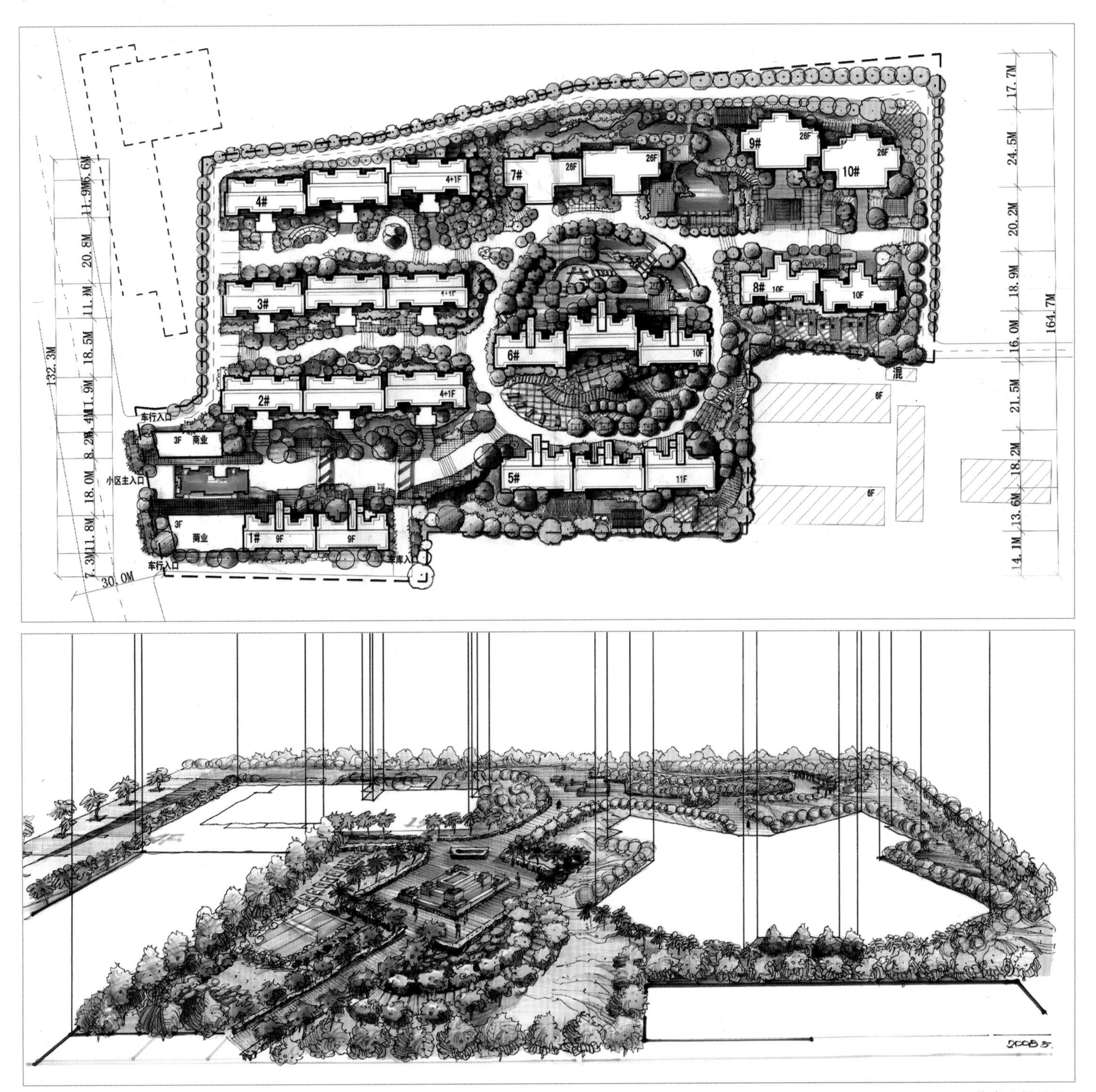
17.7M
24.5M
20.2M
18.9M
16.0M
164.7M
21.5M
18.2M
13.6M
14.1M
132.3M
6.6M
11.9M
20.8M
11.9M
18.5M
18.0M
11.8M
7.3M
30.0M
4#
3#
2#
1#
9F
9F
4+1F
4+1F
7#
26F
26F
9#
26F
10#
26F
8#
10F
10F
6#
10F
5#
11F
3F
商业
3F
商业
车行入口
小区主入口
车行入口
车库入口
混
6F
6F

作者 / 郭贝贝

3. 建筑设计手绘作品欣赏

环抱在树林中的别墅建筑。方案中建筑的设计造型简洁，用材朴素，所以表达时将周围环境作为一个整体考虑。用放松的笔触、大胆的用色形成丰富的背景，用以衬托建筑形体的单纯。作为主体的建筑本身则不需要刻画得非常细致，着重于将其结构、明暗及转折关系表达出来即可，以期与背景形成强烈对比。

本幅画面所表达的主体是呈现 45 度角的小型建筑单体。在刻画时要加强转角处的明暗对比关系，突出建筑的立体结构，这也是在二维纸面上绘制三维对象的重要手法。例如，建筑主体本身颜色是中性的灰色调，则在背景绘制的颜色选择上可以用较鲜艳的颜色来表现，但同时需适当降低其明度和纯度。

画面局部

为表达在树林中斑斓的光影效果，待基本的固有色铺陈干透之后，适当地在建筑表面刻画了枝叶的倒影，并在玻璃上添加了一些暖黄色的彩铅作为环境色，更好地让建筑融入环境中。

作者 / 陈骥乐、贾雨佳

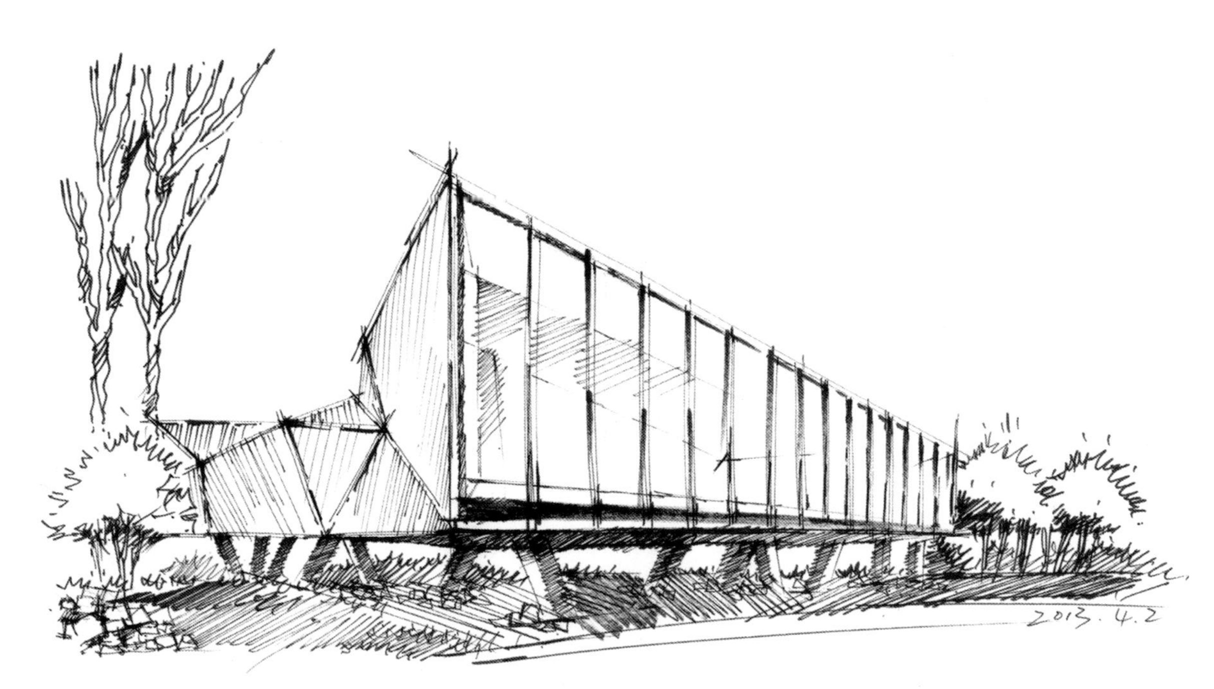

此画面中，在建筑的色彩表达上做了一些新的尝试，如不再用常规的蓝色系来表现玻璃材料，而是充分考虑建筑所在的环境以及其自身的颜色倾向，选择了偏中性的黄色调。但在玻璃质感的表达上仍然体现了通透、轻薄的特点。与之相对应的画面中的地面部分则可以选用厚重的色调，让建筑有一种稳稳地立在地上的感觉，并且整张画面有了重色的参与，节奏感更强了。

这是一张有趣的画，图中大量的纵向线条分别表达了建筑结构、建筑材料细节、环境中的植物等元素。但同时，在建筑两侧仍绘制了一些低矮的灌木植物以期达到平衡画面的作用。在对大面积出现的植物刻画上，作者有意采用了对比色调来产生活泼感。相应的建筑则采用中性暖灰色调来形成对比。细节仍是不容忽视的，看看建筑正面对于木材料的表现，在众多细节对象中仍要注意突出画面视觉中心。

线稿局部细节

作者 / 陈骥乐、贾雨佳

在绘制过程中要注意颜色的搭配，如此画面中的绿色系植物与棕色系建筑之间的颜色搭配，这样会使画面更有表现力和节奏感，当然在选择时仍需注意所表达物体本身的固有色。

在表达建筑外观或园林景观的手绘效果图中，有时以上两者会同时存在，此时如果采取突出一方忽略另一方的刻画方法显然不适用。于是这就要求我们在绘制过程中同步进行，切勿只着重刻画建筑或只着重刻画景观植物。如果在画面中再加入一些人物的点缀，就能更加清晰地说明要表达空间的功能性和尺度感了。

作者 / 郭贝贝

作者 / 郭贝贝

4. 学生作品欣赏

作者 / 黄迪

作者 / 黄迪

作者 / 胡李梅

作者 / 熊艺轩

作者 / 郭畅

作者 / 郭畅

作者 / 凌郦婕

作者 / 肖鹏

作者 / 韩笑

作者 / 周蓉

作者 / 熊佳蔚

作者 / 顾成军

作者 / 万颖超

作者 / 邓樱格

作者 / 王仁孚

作者 / 肖鹏

麦克设计 & 手绘培训机构

开设课程：**空间 / 视觉 / 产品 /CG 动漫 / 设计理论表现及快题**

官方网站：www.mclubcs.com

欢迎关注微信公众号：麦克手绘俱乐部

新浪微博：麦克手绘俱乐部

www.mclubcs.com